LES GUIDES DU BOIS

LES BOIS ET LEURS USAGES

Albert Jackson et David Day

LES GUIDES DU BOIS

LES BOIS ET LEURS USAGES

LA MAISON RUSTIQUE

Titre de l'ouvrage original : **Good Wood Handbook**
publié par HarperCollins Publishers, Londres.
Ouvrage conçu par Inklink, Londres.

Imprimé à Singapour

ISBN : 2-7066-0532-4
N° d'édition : FX 053201

**Traduit de l'anglais par Sarah Howard
et Isabelle Taudière.**

Maquette : Simon Jennings
Conseiller technique : Peter B. Cornish
Illustrations : Robin Harris et David Day
Photographies de studio : Neil Waving et Ben Jennings
Maquette de couverture et adaptation graphique :
Thomas Gravemaker, Studio X-Act, Paris
Collection dirigée par Claire Desserrey

TABLE DES MATIÈRES

INTRODUCTION	6
REMERCIEMENTS	8
LE MATÉRIAU BOIS	9
TOUR DU MONDE DES ESSENCES	39
BOIS DE RÉSINEUX	43
BOIS DE FEUILLUS	55
PLACAGES	83
PANNEAUX MANUFACTURÉS	105
FINITIONS DU BOIS	118
PHYSIONOMIE DES ESPÈCES	120
GLOSSAIRE	123
INDEX	126

Introduction

La diversité des bois disponibles dans le commerce est telle que l'ébéniste chevronné a parfois du mal à identifier certaines espèces. Pour la plupart d'entre nous, simples profanes, au-delà des quelques essences courantes, l'exercice est une gageure. Or, choisir un bois d'ébénisterie ne se limite pas à en apprécier le fil, la couleur, le dessin, la texture… Encore faut-il qu'il se prête à l'application qu'on lui destine. Sera-t-il assez résistant ? Réagira-t-il convenablement à la finition envisagée ? Autant de questions qui évitent bien des mauvaises surprises et rendent le travail

plus facile. Il ne faut pas oublier non plus les panneaux manufacturés et le placages qui, par leurs propriétés ou leurs qualités esthétiques, remplacent parfois avantageusement le bois massif.
Avant d'acheter le bois, assurez-vous qu'il ne s'agit pas d'une espèce en voie de disparition et qu'il provient d'une forêt correctement gérée. Cette «conscience écologique» est désormais seul garante d'un approvisionnement durable, qui permettra à des générations d'ébénistes de continuer à travailler les essences les plus nobles.

REMERCIEMENTS

Les auteurs souhaitent remercier les personnes et organismes suivants, qui ont bien voulu mettre leurs documents de référence à leur disposition :

American Hardwood Export Council (Londres)
American Plywood Association (Londres)
Australian Particleboard Institute Inc. (Australie)
Stuart Batty (Derbys, GB)
Better Built Corporation (Wilmington, États-Unis)
Blount UK Ltd (Tewkesbury, GB)
John Boddy Timber Ltd (Boroughbridge, GB)
Buckingamshire College (High Wycombe, GB)
Council of Forest Industries of Canada (West Byfleet, GB)
Craft Supplies (Buxton, GB)
Karl Danzer Furnierwerke (Reutlingen, Allemagne)
Department of the Environment (Bristol, GB)
English Nature (Peterborough, GB)
Fastnet Products Ltd (Chard, GB)
Finnish Forest Industries Federation (Helsinki, Finlande)
Walter Fischer (Kassel, Allemagne)
Fitchett & Woolacott (Nottingham, GB)
Forest Stewardship Council (Oaxaca, Mexique)
Forests Forever (Londres)
Friends of the Earth (Londres)
Furniture Industry Research Association (Stevenage, GB)
Granberg International (Richmond, États-Unis)
Hardwood Plywood and Veneer Association (Reston, États-Unis)
Legno Ltd, (Londres)
Louisiana-Pacific Corp. (Portland, États-Unis)
Malaysian Timber Council (Londres)
Marlwood Ltd (Edenbridge, GB)
Metsäkuva-Arkisto KY (Helsinki, Finlande)
Milland Fine Timber Ltd (Liphook, GB)
Theodor Nagel GmbH & Co. (Hambourg, Allemagne)
Oxford Forestry Institute (Oxford, GB)
Plywood Association of Australia Ltd (Newstead, Australie)
Royal Botanic Gardens (Kew, GB)
Schauman Wood Oy (Helsinki, Finlande)
Southeastern Lumber Manufacturers Association (Forest Park, États-Unis)
Timber Development Association (NSW) Ltd (Australie)
Timber Research and Development Association (High Wycombe, GB)
Timber Trade Federation (Londres)
Union Veneers plc. (Londres)
US Forest Products Laboratory (Madison, États-Unis)
Wagner Europe Ltd (Folkestone, GB)
WMS Consulting Ltd (Folkestone, GB)

Les éditeurs tiennent aussi à remercier les entreprises qui ont aimablement prêté et préparé les bois, placages et panneaux manufacturés et leurs outils :

C.F. Anderson & Son Ltd (Londres)
Annandale Timber & Moulding Co. Pty Ltd (Australie)
Art Veneer Co (Mildenhall, GB)
John Boddy Timber Ltd (Boroughbridge, GB)
Jim Cummins (Woodstock, États-Unis)
Desfab (Beckenham, GB)
Egger (UK) Ltd (Hexham, GB)
FIDOR (Feltham, GB)
General Woodworking Supplies (Londres,)
Highland Forest Products plc. (Highland Region, GB)
E. Jones & Son (Erith, GB)
Limehouse Timber (Dunmow, GB)
Ravensbourne College of Design & Communication (Chislehurst, GB)
Seaboard International, (Londres)
Fred Spalding (Bromley, GB)

Conseiller technique
Peter B. Cornish, Directeur du département de design de Buckingamshire College (High Wycombe, Bucks, GB).

Crédits photographiques
Toutes les photographies de studio présentées dans ce livre sont de Neil Waving, à l'exception de celles des pages 31, 37 (b), 93 (d) et 99 (bd) dont l'auteur est Ben Jennings.

Merci aux personnes et organismes qui ont fourni certaines photographies :

Gavin Jordan, p. 10, 16
Karl Danzer Furnierwerke, pages 13 (bd), 27 (hg), 84 (bg)
Simo Hannelius, P. 18, 19, 42, 106
Southeastern Lumber Manufacturers Association (Jim Lee), pages 20, 22, 86 (bg)
Practical Woodworking, page 27 (bg)
Wagner Europe, page 27 (bd)
Council of Forest Industries of Canada, pages 28, 43 (bg)
Buckingamshire College, pages 34 (hg), 108 (g)
International Festival of the Sea (Peter Chesworth), page 36 (b)
John Hunnex, page 36 (h)
Stewart Linford Furniture (Theo Bergström), page 37 (hg)
Roger Bamber, page 40-1
Malaysian Timber Council, pages 54, 55 (bg)
Schauman Wood Oy, page 85

Ebénistes d'art
Philip Larner, pages 34 (hg), 108 (G)
John Hunnex, page 36 (h)
Steward Linford, page 37 (hg)
Derek Pearce, page 37 (hd)
Mike Scott, page 37 (cd)

(h = en haut ; b = en bas ; g = à gauche ; d = à droite ; hg= en haut à gauche ; hc = en haut au centre ; hd= en haut à droite ; cg = au centre à gauche ; c = au centre ; cd = au centre à droite ; bg= en bas à gauche ; bc = en bas au centre ; bd = en bas à droite)

L'éditeur français tient à remercier pour leur aide précieuse :
M. Jacques Liagre, département juridique de l'Office National des Fôrets.
M. Michel Filhol, artisan-ébéniste.

LE MATÉRIAU BOIS

CHAPITRE 1

Il est parfois bien difficile, pour l'amateur, d'identifier l'arbre qui se cache derrière un bois... Or, pour apprécier pleinement les qualités et les propriétés d'un matériau, il est indispensable de connaître la constitution physique et le mode de croissance de l'arbre dont il provient. Peu à peu, on parvient à comprendre la singularité, le comportement spécifique de chaque essence et ses réactions au façonnage et à la finition.

DE L'ARBRE AU BOIS…

Qu'ils soient isolés ou regroupés en forêts, les arbres jouent un rôle capital dans la régulation des climats et abritent de nombreuses populations animales et végétales. Depuis la nuit des temps, les hommes en dérivent toutes sortes de produits alimentaires et utilitaires, et l'industrie les exploite pour fabriquer des résines, caoutchoucs, produits pharmaceutiques… Leurs fûts, transformés en bois d'œuvre, offrent un matériau infiniment riche qui se plie à toutes les fantaisies…

Structure de l'arbre

Les arbres appartiennent à l'embranchement du règne végétal des spermaphytes, plantes qui se reproduisent par des graines. Cette famille botanique est elle-même subdivisée en gymnospermes et angiospermes. Les premiers correspondent aux conifères, ou résineux, caractérisés par un feuillage en aiguilles ou en écailles ; les seconds sont des feuillus, portant de larges feuilles caduques ou persistantes. Tous les arbres sont des végétaux vivaces, dont la croissance se poursuit sur au moins trois cycles annuels.

La tige de l'arbre, appelée tronc ou fût, supporte une couronne de branches à feuilles. Un réseau de racines l'ancre dans le sol et absorbe l'eau et les minéraux qui le nourrissent. Sous l'écorce, une fine épaisseur de tissu vasculaire, le liber, diffuse la sève brute (ou sève ascendante), des racines vers les feuilles.

Forêt subalpine de conifères.

Nutrition et photosynthèse

Les pores des feuilles, ou stomates, absorbent le gaz carbonique présent dans l'air et, par phénomène d'évapotranspiration, les feuilles attirent la sève à travers de minuscules cellules (voir ci-dessous). L'arbre produit ses substances nutritives à partir de l'eau et du gaz carbonique de l'air que fixe la chlorophylle des feuilles, en employant l'énergie solaire. Ce mécanisme de photosynthèse restitue dans le même temps de l'oxygène à l'atmosphère.

On dit parfois que le bois "respire" et qu'il doit être nourri pour garder son éclat. En fait, dès que l'arbre est abattu, son bois est mort, et s'il est vrai que l'on observe parfois des phénomènes de retrait ou de gonflement, il s'agit simplement d'une réaction du bois à l'humidité qu'il absorbe ou dégage. Les finitions à la cire ou à l'huile protègent la surface et contribuent à stabiliser une pièce, mais en aucun cas elles ne "nourrissent" le bois mort.

Structure cellulaire

Le bois est un tissu formé de canaux tubulaires aux parois cellulosiques, agglomérés par un composé organique, la lignine. Ces cellules assurent la circulation de la sève et le stockage des matières nutritives. De taille et de forme variables, elles sont généralement longues et minces et suivent l'axe longitudinal du tronc ou des branches, déterminant ainsi le sens du fil. Leur répartition et leur taille définissent la texture spécifique d'une essence, produisant ainsi des bois à grain fin ou grossier.

Identification des bois

L'examen des cellules permet de distinguer un bois de résineux d'un bois de feuillu. Les conifères présentent une structure cellulaire simple, composée de trachéides qui rayonnent régulièrement pour former le corps de l'arbre, assurant le transport de la sève et le soutien physique de la plante.

Chez les feuillus, ce sont des vaisseaux qui alimentent le bois en matières nutritives, l'arbre reposant sur un réseau fibreux.

Gaz carbonique
Absorbé par
les feuilles.

Oxygène
Restitué
à l'atmosphère.

Ramure et feuillage
Les feuilles produisent
les substances nutritives
de l'arbre par le processus
de photosynthèse.

Tronc
Organe de support
de l'arbre, il fournit
les billes de bois
d'œuvre.

Gymnospermes
Feuillage en aiguilles.

Angiospermes
Feuilles larges.

Racines
Ancrent l'arbre au sol où elles
puisent l'humidité et les sels
minéraux constituant la sève brute.

LA CROISSANCE DE L'ARBRE

La croissance de l'arbre est assurée par le cambium, fine assise génératrice annulaire, interposée entre l'écorce et le bois. Ses cellules se divisent chaque année pour former une épaisseur interne de bois neuf, et une couche externe de liber, ou phloème. Sous cette poussée, l'écorce se fend et est reconstituée par le liber. Les cellules du cambium, à parois très minces, sont fragiles ; pendant la période de croissance, lorsqu'elles sont gorgées d'eau, l'écorce se détache facilement. En hiver, elles se consolident et lient solidement l'écorce à son support. Le bois neuf se différencie peu à peu, développant d'une part des cellules vivantes stockant les éléments nutritifs, et d'autre part des vaisseaux assurant le transport de la sève et le soutien de l'arbre. Ce bois, physiologiquement actif, constitue l'aubier.

Chaque année, un nouveau cerne de bois d'aubier recouvre celui de l'année précédente. L'aubier le plus ancien durcit progressivement par duraminisation, et se transforme en bois de cœur, ou duramen. Physiologiquement mort, ce bois ne diffuse plus la sève mais constitue un tissu de soutien assurant le port dressé de l'arbre. Le bois de cœur gagne ainsi peu à peu sur l'aubier, dont l'épaisseur reste à peu près constante.

Rayons ligneux

Également appelés rayons médullaires, ces éléments cellulaires allongés rayonnent autour de la moelle, assurent le transport et le stockage horizontal des

éléments nutritifs à travers le bois d'aubier et rassemblent les cellules conductrices verticales. A peine visibles sur les bois résineux, les rayons ligneux longs et soyeux sont mis en évidence sur les coupes radiales de certains feuillus, tels que le chêne, dessinant des "mailles".

Aubier

Sur les essences dites "à bois parfait distinct", le bois d'aubier se distingue du bois de cœur par sa couleur claire. Cette différenciation est moins visible sur les bois clairs, et notamment les résineux. Lorsque la coloration est uniforme, on parle d'essence à "bois parfait indistinct". Les cellules du bois d'aubier, aux membranes peu épaisses et relativement poreuses, ne conservent pas longtemps l'humidité ; le bois d'aubier se rétracte donc davantage que le bois de cœur, plus dense. Sa porosité garantit en revanche une bonne absorption des teintes et des agents conservateurs.

Les ébénistes préfèrent utiliser le bois de cœur et débarrassent souvent le bois brut de leur aubier. Il résiste en effet mal à la détérioration fongique et les hydrates de carbone stockés dans certaines de ses cellules le rendent très vulnérable aux attaques des insectes.

Duramen

Les cellules mortes du duramen, formées à partir d'ancien bois d'aubier, ne contribuent plus à la croissance de l'arbre et sont parfois encombrées par des excroissances organiques, les thylles. Certains bois de feuillus dotés de cette particularité, tels que le chêne blanc, sont imperméables et se prêtent beaucoup mieux à la confection de douves de tonnellerie que le chêne rouge par exemple, dont le bois de cœur aux cellules ouvertes est bien plus poreux.

Le bois de cœur comporte des constituants secondaires provoquant un changement de couleur des parois cellulaires – très marqué sur certains feuillus – et protégeant également le matériau contre les insectes et les champignons.

Cernes annuels

Chacun des cercles concentriques dessinés par le bois de printemps et le bois d'été correspond à un cycle annuel de croissance. Entre autres détails précieux, leur observation révèle l'âge de l'arbre abattu ainsi que le type de climat dans lequel il a poussé. Ainsi, de larges couches d'accroissement témoignent de bonnes conditions de croissance, alors que des cernes minces trahissent un sol pauvre ou un milieu sec. Un œil exercé décèlera bien d'autres détails.

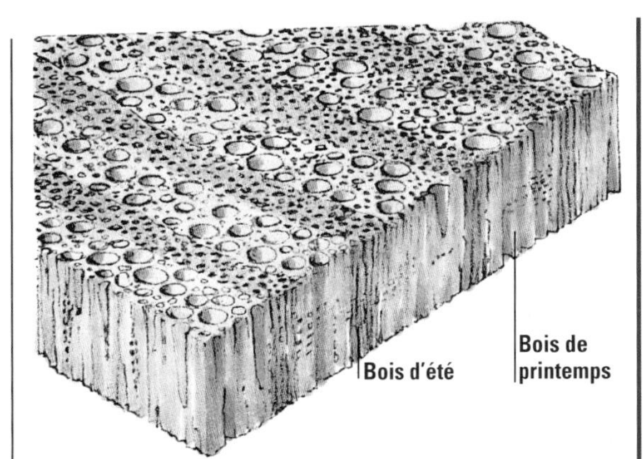

Bois de printemps

Également appelé bois initial, le bois de printemps est la partie du cerne annuel formée au début du cycle de croissance, pendant la montée de sève du printemps. Le cambium engendre des trachéides à parois minces sur les résineux et de gros vaisseaux sur les feuillus, servant au transport vertical des matières nutritives. Le bois initial dessine généralement une couche claire à l'extérieur du cerne de l'année précédente.

Bois d'été

Le bois d'été, ou bois final, se développe plus lentement lorsque l'apport de matières nutritives décroît. Les cellules, plus fines, plus denses et plus épaisses que celles du bois initial, renforcent la stabilité du matériau et tracent un anneau plus sombre délimitant le cerne.

Forêt de jeunes feuillus

UN PATRIMOINE À PROTÉGER

Très appréciés pour leur bois et leurs nombreux produits dérivés, les arbres contribuent aussi et surtout à l'équilibre de notre environnement naturel. Or des forêts entières, victimes de la pollution ou de la surexploitation, sont aujourd'hui menacées. Il devient urgent de privilégier d'autres sources d'énergie plus rentables que le bois et de limiter les dégagements de gaz carbonique et autres agents polluants.

Un équilibre écologique précaire

Le gaz carbonique, dégagé par les combustibles fossiles, est un constituant naturel de l'atmosphère. Les arbres, véritables poumons de la planète, l'absorbent en partie par photosynthèse pour restituer de l'oxygène (voir p. 10). Or les concentrations de CO^2 et d'autres gaz atmosphériques dépassent aujourd'hui les capacités de recyclage des végétaux et s'accumulent. Ils forment une chape qui emprisonne la chaleur réémise par la terre et provoque un phénomène de réchauffement du globe : l'effet de serre.

La forêt amazonienne, incendiée pour défricher des terres arables et des pâturages, régresse à un rythme inquiétant. Non seulement cette politique de déforestation réduit la superficie des forêts vierges, mais elle participe également à asphyxier la terre. Dans l'hémisphère nord, ce sont les pluies acides dues à la pollution industrielle qui déciment les arbres et rayent de la carte des forêts entières.

La Convention de Washington

Les sylviculteurs, négociants en bois et consommateurs sont aujourd'hui appelés à s'assurer que les bois qu'ils échangent et utilisent proviennent de forêts gérées de façon durable. A l'heure actuelle, les seuls règlements internationaux sur la protection des espèces en péril émanent de la Convention sur le commerce international des espèces de faune et de flore sauvages menacées d'extinction (CITES). Elle a dressé trois annexes classifiant les espèces en voie d'extinction et se réunit tous les deux ans pour mettre à jour ces listes.
L'annexe I regroupe les espèces menacées de disparition et dont les bois, semences et produits finis (anciens ou neufs) sont interdits à l'importation, à l'exportation et à la vente. L'annexe II comprend toutes les espèces qui risquent de disparaître si leur commerce n'est pas rigoureusement contrôlé. Leur exportation nécessite la délivrance d'un permis délivré par les autorités du pays exportateur. L'importateur doit obtenir un certificat d'importation.
L'annexe III inclut toutes les espèces qu'un État contractant déclare menacées dans leur pays d'origine et dont il demande l'inscription à l'annexe I ou II. Ces espèces sont soumises à une réglementation limitant les quantités de bois exportées et obligeant l'importateur à obtenir un certificat d'importation de la CITES.

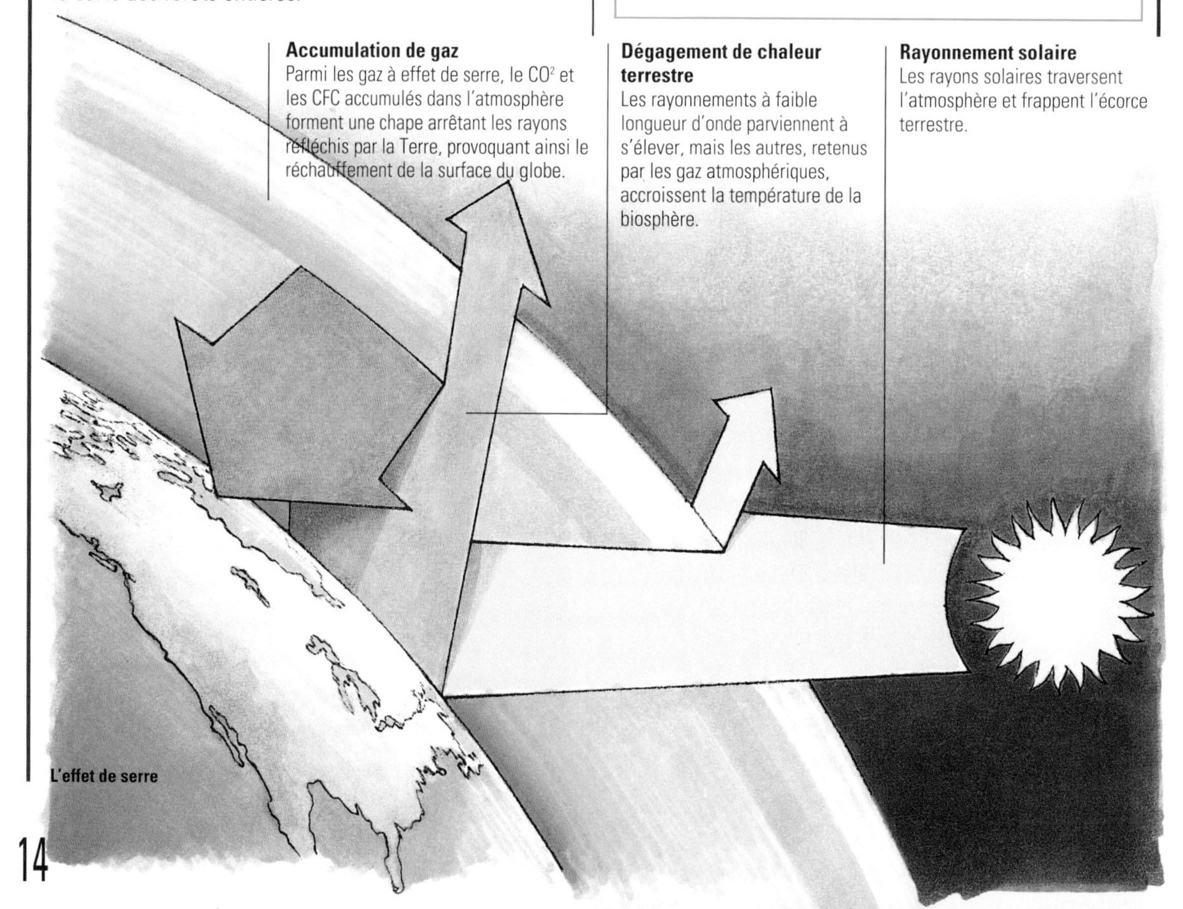

L'effet de serre

Un avenir incertain

Selon certains spécialistes, la survie des feuillus tropicaux, voire de quelques espèces résineuses sud-américaines, ne tient plus qu'à un fil, alors que les optimistes soutiennent que jamais les forêts n'ont été mieux gérées. Sans être catastrophique, le sort des forêts n'est malheureusement pas des plus enviables.

Dans le monde développé, les mouvements écologistes ont sensibilisé l'opinion sur les menaces pesant sur les forêts tropicales. Les militants les plus radicaux prônent l'interdiction pure et simple de l'importation des bois tropicaux, mais cette solution serait aussi préjudiciable au commerce du bois qu'aux pays producteurs, qui tirent de cette matière première une grande part de leurs revenus. De plus, dans certaines régions, les pratiques ancestrales de cultures sur brûlis font plus de ravages que l'abattage organisé pour l'exportation. Les projets d'aménagement hydraulique et d'exploitation minière entrepris par de grandes multinationales participent à la déforestation massive, cependant que l'industrie papetière élimine peu à peu les forêts primitives mixtes pour les remplacer par des plantations privilégiant soit les résineux, soit les feuillus.

Le commerce du bois

S'il est vrai que le bois est une ressource renouvelable, il n'est pas inépuisable. Soucieux d'empêcher les abus de la déforestation et d'assurer une production régulière d'essences tropicales, certains organismes internationaux ont mis au point un processus d'"écocertification", visant à encourager producteurs, fournisseurs et consommateurs à n'échanger et utiliser que des bois provenant de forêts durablement gérées. Certaines organisations, regroupant des producteurs et des négociants en bois voudraient imposer l'écocertification des bois des régions tropicales, tempérées ou nordiques. Cette mesure permettrait de contrôler très rigoureusement les modes de culture et de gestion des réserves adoptés par les exploitants et les compagnies forestières. .

Essences de substitution

Pour l'ébéniste, les réglementations de la CITES se traduiront par la raréfaction de certains bois exotiques qui, après épuisement des stocks existants, ne proviendront plus que de bois de récupération. Une bonne connaissance des essences et des bois des régions tempérées (voir p. 17) vous permettra néanmoins de trouver un matériau équivalent. Les fournisseurs sérieux pourront également vous conseiller et vous indiquer les bois dont l'usage demeure autorisé. Cette démarche, aussi ponctuelle soit-elle, est une contribution indispensable à la survie des espèces les plus nobles.

QUELQUES ESSENCES MENACÉES

Bois de Gaïac **Assamela** **Palissandre de Rio**

La production de billes, de sciages et de placages de bois de Gaïac (*Guaiacum officinale*, voir p. 70) et d'assamela (*Pericopsis elata*, voir page 74), inscrits à l'annexe II de la CITES, est désormais limitée. Le palissandre de Rio (*Dalbergia nigra*, ci-dessous), menacé d'extinction, est inclus à l'annexe I. Jadis très prisé des ébénistes, sculpteurs et artisans tourneurs pour ses couleurs chatoyantes et son magnifique veinage, ce bois n'est plus commercialisé.

Palissandre de Rio

Feuillus des régions tempérées

En Amérique du Nord et en Europe, l'exploitation forestière est d'ores et déjà soumise à une réglementation rigoureuse, garantissant le renouvellement des zones sylvestres. Institutionnalisée aux États-Unis, cette politique de reboisement ne concerne encore en France que les forêts placées sous le contrôle des régions et des collectivités, mais une taxe de défrichement décourage le défrichement des forêts privées. Cette politique salutaire préserve l'habitat naturel de nombreuses espèces animales et végétales et présente l'avantage de limiter l'érosion due aux eaux de ruissellement.

La plupart des bois de feuillus proviennent de la deuxième, troisième voire quatrième repousse de forêts cultivées par rotations de quatre à huit ans. Les ultimes parcelles de forêts naturelles sont désormais interdites à l'exploitation commerciale et, passé un certain âge, un arbre ne peut plus être abattu. Les feuillus des régions tempérées ne déclinent certes pas une palette de couleurs aussi riche que les bois tropicaux, mais en exploitant judicieusement les teintes à bois, on obtient des imitations fort convaincantes. Consultez le tableau ci-contre pour sélectionner un matériau de substitution.

Feuillus des régions tropicales

Une belle pièce d'ébénisterie suffit à comprendre pourquoi les bois tropicaux sont si prisés des connaisseurs. Certaines essences ont malheureusement été victimes de leur succès et il sera bientôt extrêmement délicat de se les procurer. C'est le sort qui attend par exemple l'acajou, dont le rouge profond séduisait tant les ébénistes de l'époque victorienne. Largement utilisé en construction et en ameublement, l'acajou est aujourd'hui l'une des principales espèces tropicales commercialisées en Occident.

Acajou et essences assimilées

L'acajou véritable (*Swietenia spp.*) provient exclusivement d'Amérique du Sud et centrale et décline plusieurs variétés, telles que l'acajou cubain, du Honduras, d'Espagne ou, pour citer la plus connue, l'acajou du Brésil (*S. macrophylla*). Pourtant, on associe volontiers le nom d'acajou à d'autres espèces qui ne lui sont nullement apparentées mais produisent des bois d'aspect similaire. L'acajou d'Afrique appartient en fait au genre Khaya. Les négociants commercialisent également sous le nom d'acajou le sapelli (*Etandrophragma cylindricum*) et le sipo (*E. utile*), qui présentent des propriétés comparables. On retrouve cette nomenclature fantaisiste avec l'acajou des Philippines qui est en fait une essence totalement distincte, le lauan rouge (*Shorea negrosensis*).

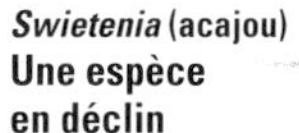

Swietenia **(acajou)**

Une espèce en déclin

L'acajou d'Amérique du Sud figure parmi les espèces en voie de disparition dont la surexploitation pose de graves problèmes écologiques : les lourdes machines-outils et les routes tracées au cœur de la forêt provoquent des dommages sans commune mesure avec les volumes de bois récoltés. Or, dans les réserves de coupe, l'acajou ne s'ensemence que très difficilement et présente donc un taux de régénération naturelle très faible. Les terres des populations indigènes ont été littéralement pillées par de grandes compagnies forestières. De plus, les terres agricoles gagnent de plus en plus sur la forêt, détruite par brûlis. Face à cette situation, les organismes internationaux certifient les matériaux d'exportation provenant de sources durables et imposent aux importateurs une taxe de transport affectée à la gestion forestières du pays importateur.

Destruction forestière par brûlis.

GUIDE DES BOIS D'ÉBÉNISTERIE

Consultez ce tableau pour identifierles principaux usages des bois répertoriés dans cet ouvrage.

	Construction	Menuiserie extérieure	Menuiserie intérieure	Portes	Parquets	Mobilier/ébénisterie	Pièces tournées	Sculpture/maquette	Instruments de musique	Matériel de sport	Cageots/Caisses	Construction navale	Manches d'outils/ustensiles
RÉSINEUX													
Sapin argenté, *Abies alba*	◊		•		•						•		
Kaori du Queensland, *Agathis spp.*			•			•							
Pin du Parana, *Araucaria angustifolia*	◊		•			•	•						
Pin d'Australie, *Araucaria cunninghamii*	◊		•		•	•	•	•			•		
Cèdre du Liban, *Cedrus libani*	◊	•	•	•		•							
Cyprès de Nootka, *Chamaecyparis nootkatensis*	◊	•	•	•	•	•						•	•
Rimu, *Dacrydium cupressinum*	◊	•	•		•	•							
Mélèze d'Europe, *Larix decidua*	□	•	•		•	•						•	•
Épicéa commun, *Picea abies*	◊	•	•		•	•			•		•		
Épicéa de Sitka, *Picea sitchensis*	◊		•			•	•		•	•	•	•	
Pin de Lambert, *Pinus lambertiana*	◊		•	•							•	•	
Pin argenté américain, *Pinus monticola*	◊		•	•	•	•		•				•	
Pin à bois lourd, *Pinus ponderosa*	◊		•	•	•	•	•	•			•	•	
Pin Weymouth, *Pinus strobus*	◊		•	•	•	•		•	•			•	
Pin sylvestre, *Pinus sylvestris*	□	•	•	•	•	•	•		•		•	•	•
Pin d'Oregon, *Pseudotsuga menziesii*	□	•	•	•	•	•					•	•	
Séquoia, *Sequoia sempervirens*	◊	•	•						•		•	•	
If, *Taxus baccata*			•			•	•	•		•			
Thuya géant, *Thuja plicata*	◊	•	•			•					•	•	
Tsuga de Californie, *Tsuga heterophylla*	□	•	•	•	•	•							
FEUILLUS													
Acacia d'Australie, *Acacia melanoxylon*			•			•	•			•			•
Érable sycomore, *Acer pseudoplatanus*			•		•	•	•	•	•	•			•
Érable rouge, *Acer rubrum*			•	•	•	•	•		•	•			
Érable moucheté d'Amérique, *Acer saccharum*			•	•	•	•	•		•	•			•
Aune d'Oregon, *Alnus rubra*						•	•	•					
Urunday, *Astronium fraxinifolium*		•				•	•						
Bouleau jaune canadien, *Betula alleghaniensis*			•	•	•	•	•		•				
Bouleau à papier, *Betula papyrifera*							•		•		•		•
Buis, *Buxus sempervirens*						•	•	•	•	•			•
Chêne soyeux d'Australie, *Cardwellia sublimis*	Δ		•		•	•							
Noyer d'Amérique, *Carya illinoensis*						•	•			•			•
Châtaignier d'Amérique, *Castanea dentata*		•	•			•					•		
Châtaignier, *Castanea sativa*	◊	•	•			•	•						
Blackbean, *Castanospermum australe*	Δ		•			•	•	•		•			•
Citron de Ceylan, *Chloroxylon swietenia*	Δ	•	•			•	•	•					
Bois de violette, *Dalbergia cearensis*						•	•						
Palissandre des Indes, *Dalbergia latifolia*			•		•	•	•		•			•	
Cocobolo, *Dalbergia retusa*							•	•					•
Ébène de Ceylan, *Diospyros ebenum*						•	•	•	•	•			•
Jelutong, *Dyera costulata*			•	•				•					
Noyer du Queensland, *Endiandra palmerstonii*			•		•	•							
Sipo, *Entandrophragma utile*	◊	•	•	•	•	•			•	•		•	
Jarrah, *Eucalyptus marginata*	Δ	•	•		•	•	•					•	•
Hêtre américain, *Fagus grandifolia*	◊		•		•	•	•		•	•		•	•
Hêtre commun, *Fagus sylvatica*	□		•		•	•	•		•	•		•	•
Frêne blanc, *Fraxinus americana*	◊		•			•				•		•	•
Frêne commun, *Fraxinus excelsior*	◊		•			•	•			•		•	•
Ramin, *Gonystylus macrophyllum*			•		•	•	•	•					•
Bois de Gaïac, *Guaiacum officinale*							•			•		•	•
Bubinga, *Guibourtia demeusei*		•	•			•	•						•
Bois du Brésil, *Guilandina echinata*	Δ	•	•		•	•	•		•	•			
Noyer cendré, *Juglans cinerea*			•			•		•			•	•	
Noyer noir d'Amérique, *Juglans nigra*			•	•		•	•	•	•	•		•	
Noyer commun, *Juglans regia*			•	•		•	•	•		•			
Tulipier de Virginie, *Liriodendron tulipifera*	◊		•	•		•		•				•	
Balsa, *Ochroma lagopus*						•						•	
Amarante, *Peltogyne* spp.	Δ	•	•		•	•	•			•		•	•
Assamela, *Pericopsis elata*	□	•	•	•	•	•						•	•
Platane, *Platanus acerifolia*	◊		•	•		•	•					•	
Platane d'Occident, *Platanus occidentalis*	◊		•	•		•	•						
Cerisier noir, *Prunus serotina*			•			•	•	•	•			•	
Padouk d'Afrique, *Pterocarpus soyauxii*	Δ	•	•		•	•	•	•		•		•	•
Chêne blanc d'Amérique, *Quercus alba*	Δ	•	•	•	•	•	•	•				•	•
Chêne du Japon, *Quercus mongolica*	□	•	•	•	•	•	•	•				•	•
Chêne pédonculé, *Quercus robur/Q. petraea*	□	•	•	•	•	•	•	•				•	•
Chêne rouge d'Amérique, *Quercus rubra*	□		•		•	•	•					•	
Lauan rouge, *Shorea negrosensis*		•	•	•		•		•	•	•	•	•	
Acajou d'Amérique, *Swietenia macrophylla*	Δ	•	•	•	•	•	•	•	•	•	•	•	
Teck, *Tectona grandis*	□	•	•	•	•	•	•	•	•			•	
Tilleul américain, *Tilia americana*			•			•	•	•	•		•		•
Tilleul d'Europe, *Tilia vulgaris*			•				•	•	•	•	•		•
Obeche, *Triplochiton scleroxylon*			•			•			•	•			
Orme blanc américain, *Ulmus americana*	Δ		•		•	•	•	•			•	•	•
Orme champêtre, *Ulmus hollandica/U. procera*	Δ		•		•	•	•	•				•	•

Légendes : Δ = Construction lourde ◊ = Construction légère □ = Toutes constructions

SYLVICULTURE ET EXPLOITATION FORESTIERE

La remarquable diversité des applications du bois a fait des arbres une ressource naturelle si convoitée qu'elle paie aujourd'hui la rançon de la gloire. L'homme a longtemps considéré les forêts comme une réserve inépuisable, les coupant jour après jour sans se soucier de leur renouvellement au point qu'il ne reste pratiquement plus rien des forêts primaires d'Europe. Forts de cette expérience, les États-Unis ont pris des dispositions pour préserver leurs ressources forestières, mais les pays en voie de développement continuent malheureusement à raser ses forêts dans une optique de profit à court terme.

L'écosystème forestier

Les forêts sont des communautés vivantes très complexes, abritant diverses populations végétales et animales liées par des interactions.

Il faut plusieurs centaines d'années pour qu'une forêt naturelle parvienne à maturité. Dans un premier temps, c'est une végétation de lichens et de mousses qui s'accroche aux rochers. Peu à peu, ces plantes contribuent à former une couche d'humus dans lequel prendra naissance un ordre végétal supérieur produisant des fleurs. Puis apparaissent les arbustes, et enfin les jeunes arbres qui constitueront la forêt adulte.

A l'état naturel, la forêt constitue un écosystème stable, mais le moindre changement climatique ou désastre naturel, tel qu'un incendie localisé, suffit à susciter une compétition qui se traduira par l'élimination ou la subordination des espèces les moins adaptées au nouveau milieu. Si en revanche, cet écosystème est modifié par des facteurs externes, c'est l'équilibre biologique assurant l'autonomie du peuplement forestier qui est menacé.

La sylviculture

Son rôle consiste à régénérer les espaces boisés existants ou créer artificiellement des forêts secondaires capables d'établir dans des délais relativement brefs un écosystème viable. Grâce à des techniques scientifiques de pointe, le sylviculteur ensemence les espèces, les multiplie, les sélectionne et plante des essences d'ombre ou de lumière adaptées. L'entretien des forêts impose de dégager les individus robustes de la compétition des spécimens dégénérescents, procéder à des éclaircies suivies d'un reboisement, et éventuellement de favoriser l'ensemencement naturel des espèces par des coupes sombres ou claires. Pour détecter au plus vite la présence de parasites ou de maladies, il doit par ailleurs surveiller en permanence l'état de santé du peuplement forestier.

Plantation de bouleaux argentés à la binette.

Les forêts secondaires

Si la vocation première d'une forêt artificielle est de constituer une source renouvelable de bois commercial – et accessoirement d'offrir un espace de loisirs –, l'ensemencement d'une nouvelle station est également étudiée en fonction des effets qu'elle produira sur le climat, l'érosion des sols et la régulation des crues.

Dans les pays occidentaux, la tendance actuelle privilégie les résineux à croissance rapide, qui s'acclimatent mieux que les feuillus aux milieux hostiles et s'imposent vite dans leur nouvel habitat. Ces parcelles "enrésinées" produisent en peu de temps des récoltes de bois destinés à la construction, aux usines de pâte à papier et à la fabrication de panneaux manufacturés.

Il arrive que l'on ensemence également dès le départ des feuillus dans ces stations, mais avant d'introduire les espèces à croissance lente, on préfère généralement attendre que l'écosystème initial soit suffisamment stable pour accueillir un peuplement mixte.

Régénération artificielle

Pour pallier les insuffisances de la production naturelle et atteindre les objectifs économiques qui lui sont fixés, la sylviculture s'est largement mécanisée. Les jeunes arbres, cultivés en pépinières à partir de semis, sont plantés en rangées régulières. Cette plantation initiale est dix fois supérieure au rendement attendu des arbres adultes, de façon à compenser les pertes et à intervenir sur la sélection des spécimens. Aux écosystèmes d'antan, la sylviculture a substitué des communautés productives que des avions aspergent régulièrement d'engrais, insecticides et fongicides pour stimuler la croissance des arbres et les protéger.

L'exploitation forestière

La récolte des arbres s'effectue généralement selon un système de rotation : tous les quatre à huit ans, on pratique sur des sections entières des coupes à blanc étoc suivies de plantations. Les essences de repeuplement, qui ne sont pas nécessairement les mêmes que l'espèce dominante, bénéficient de l'écosystème établi par le reste de la forêt sans le perturber. Les futaies sont récoltées lorsque les arbres ont atteint leur maturité. L'abattage peut épargner certains spécimens afin d'assurer la régénération de la surface par ensemencement naturel. Après quoi, on coupe définitivement les arbres qui ont donné la semence et l'on dégage parmi les jeunes sujets les "tiges d'avenir" qui produiront les plus beaux fûts.

Les produits dérivés de la forêt

Si le bois de fût constitue l'essentiel de l'économie forestière, les arbres, sur pied et abattus, offrent également toute une gamme de produits exploitables : l'écorce pour la confection des objets en liège, le tan pour la préparation des cuirs et les sécrétions liquides (résines, latex) pour la fabrication de colophane, térébenthine, poix et goudrons végétaux, caoutchoucs, gommes et cires. Certaines espèces fournissent également des fruits, noix, fibres, sirops, vitamines ; la couverture forestière abrite en outre une infinité de plantes médicinales précieuses. De telles richesses valent que l'on mette tout en œuvre pour entretenir, préserver et développer les forêts et que l'on consente des investissements suffisants pour assurer leur gestion.

Forêt de bouleaux artificielle

L'ABATTAGE

Le temps est loin où les communautés rurales, disposant d'abondantes ressources forestières, pouvaient abattre les arbres à volonté pour en tirer du bois d'œuvre ou de chauffe, défricher des terres arables et les clôturer. Aujourd'hui, la plupart des espaces boisés ont une vocation commerciale et sont gérés par de grandes compagnies forestières (assurant souvent la transformation et la commercialisation des bois) et l'État.

Saisons d'abattage

La saison la plus appropriée est essentiellement déterminée par la situation géographique de la forêt. Dans les régions côtières d'Amérique du Nord, la récolte peut s'étaler sur pratiquement toute l'année ; elle n'est interrompue que par les périodes de sécheresse, où les risques d'incendie sont élevés, et d'enneigement important. A l'intérieur des terres, en revanche, l'abattage a lieu de l'hiver à la fin du printemps, pendant la période de repos végétatif qui permet de récolter un bois relativement léger.

Abattage industriel à la tronçonneuse.

Travail à la tronçonneuse
Pour utiliser une tronçonneuse, il est indispensable de respecter quelques précautions d'usage et de suivre scrupuleusement le mode d'emploi du fabricant. Portez impérativement un casque rigide, des lunettes de protection, un casque anti-bruit, des bottes de bûcheron renforcées et des gants épais. Votre tenue de travail doit également protéger efficacement les bras et les jambes, car le moindre dérapage de la tronçonneuse suffit à provoquer de graves accidents.

Abattage industriel...

Jadis, l'abattage des arbres mettait à contribution des équipes entières de bûcherons travaillant à la cognée et à la scie de long. Les grumes étaient ensuite acheminées à la scierie par des animaux de trait ou des remorques à vapeur. Si cette activité demeure intensive en main d'œuvre, elles s'effectue avec de puissantes tronçonneuses et cisailles. Le parterre des coupes est dégagé par un matériel de levage alimenté au diesel et les billes rejoignent les parcs de stockage des scieries en camion ou par voie fluviale, en trains de flottage.

... ou artisanal

Si êtes propriétaire d'une parcelle de terrain boisé non classé en zone protégée, rien ne vous empêche de récolter les arbres de votre choix (en cas de doute, renseignez-vous auprès des autorités locales pour vous assurer de vos droits). Ne sous-estimez pas cette tâche très éprouvante et potentiellement dangereuse.

La panoplie du bûcheron

Si l'exercice vous tente, vous pourrez venir à bout d'un fût de petit diamètre avec une simple scie à main, mais une tronçonneuse vous simplifiera singulièrement la tâche, surtout si vous vous attaquez à un gros tronc. Les magasins spécialisés vendent ou louent des tronçonneuses électriques ou à essence, ces dernières étant bien plus maniables. Choisissez un modèle de taille moyenne et prévoyez une hache à poing pour ébrancher la bille et retirer les drageons.

Sens de chute de l'arbre

L'abattage d'un arbre ne s'improvise pas. Avant toute chose, déterminez la direction dans laquelle l'arbre s'inclinera dans sa chute : prenez en compte les vents dominants, l'angle de croissance du sujet, le poids et l'agencement des branches. Au besoin, élaguez préalablement la ramure. Marquez un repère sur le tronc.

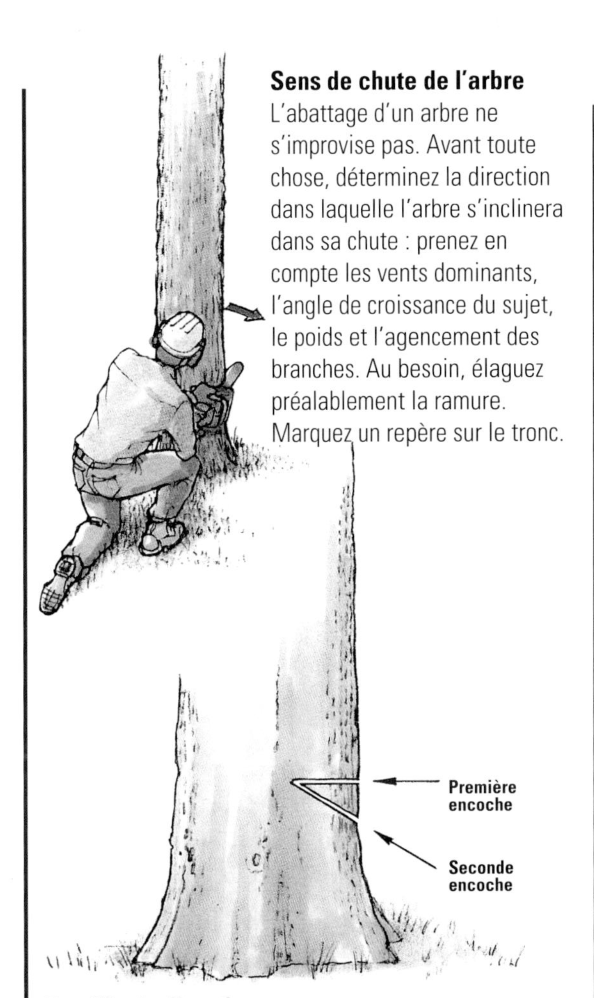

Entaille de direction

Pour que l'arbre tombe dans la direction souhaitée, il faut tout d'abord entamer le fût du côté correspondant au sens de la chute. Taillez la première encoche vers le haut, à un angle de 45°, sur près d'un tiers du diamètre du tronc. Quelques centimètres plus haut, taillez parallèlement au sol de façon à rejoindre le sommet de la première encoche, et détachez la pièce de bois ainsi découpée.

Priorité à la sécurité

- *Avant d'abattre un arbre, préparez soigneusement le matériel et étudiez scrupuleusement le site de coupe.*
- *Évitez de travailler par temps humide. Le cas échéant, les outils électriques sont à proscrire.*
- *Éloignez bidons d'essence et autres produits inflammables du lieu de coupe.*
- *Signalez clairement la zone d'abattage et interdisez l'accès aux enfants, aux promeneurs… et aux chiens !*
- *Débroussaillez et nettoyez le parterre de coupe pour pouvoir vous éloigner au moment de la chute.*
- *Choisissez un endroit dégagé pour faire basculer l'arbre.*
- *Méfiez-vous des arbres putréfiés, plus imprévisibles que les spécimens sains lors de la chute.*

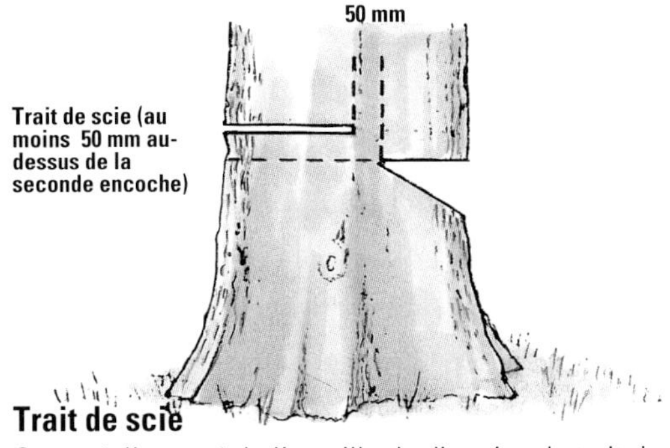

Trait de scie

Ouvert à l'opposé de l'entaille de direction, le trait de scie fait basculer l'arbre. Tracez-le au moins 50 mm au-dessus de la seconde encoche de l'entaille de direction et poussez-le parallèlement à ce repère, en veillant à laisser 50 mm de bois entre les deux coupes. Sur les arbres de gros fût, introduisez des coins de bois dur ou de fer dans la fente et forcez-les progressivement.

Quelques réflexes…

Dès que l'arbre commence à basculer, arrêtez la tronçonneuse, posez-la immédiatement, et éloignez-vous de l'arbre sans tarder.

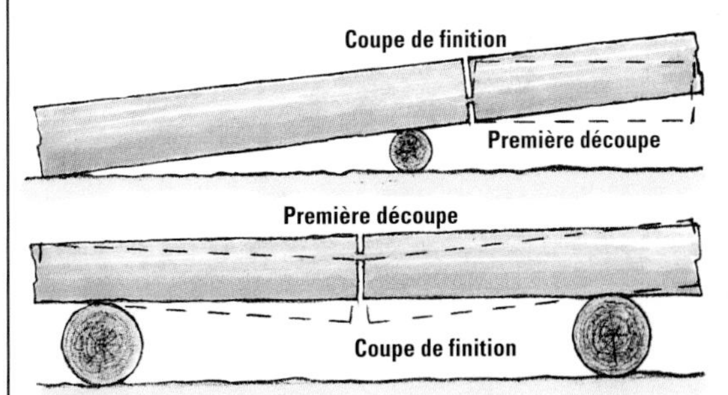

Préparation des grumes

Ébranchez l'arbre abattu à la tronçonneuse en vous protégeant des branches qui ont souvent tendance à "fouetter" sous l'action de la lame. Sectionnez ensuite la grume en billes, plus faciles à manipuler. Le billonnage s'effectue en deux temps : une première découpe tranche la grume sur un tiers de son diamètre, sur la face risquant de se plier en fin d'opération et d'immobiliser la scie. Selon la position dans laquelle la grume est maintenue, il s'agira de la face supérieure ou de la face inférieure (voir ci-dessus). La coupe de finition est pratiquée sur l'autre face et rejoint la première.

LE DÉBITAGE

Alors qu'un arbre met des années à se développer pour produire un bois commercialisable, il suffit de quelques minutes à peine dans une scierie moderne pour billonner, étêter, écorcer et débiter les fûts rectilignes d'essences telles que le pin. De même, pour le travail laborieux du débitage en planches et madriers, la scie de long a fait place à des scies à ruban ou circulaires contrôlées par ordinateur.

Bois de tension et bois de compression

La majeure partie du bois ouvrable provient du tronc. Les grosses branches de la première couronne fournissent parfois des rondins exploitables mais,

Sciage d'un tronc à la scierie

comme les fûts non rectilignes, elles présentent souvent des cernes de croissances excentrés et irréguliers produisant un bois instable, susceptible de voiler et de se fissurer, le bois de réaction. Chez les résineux, les cernes larges sont dans la partie inférieure de la branche et donnent le bois de compression ; chez les feuillus, ils sont dans la partie supérieure de la branche et donnent le bois de tension. Les grumes de bonne qualité sont sectionnées en billes puis acheminées vers une scierie pour être converties en bois bruts de sciages. Les plus belles, issues de hauts fûts réguliers, se négocient à prix d'or et sont généralement réservées aux placages (voir p. 88). Les déchets (dosses, délignures, chutes...) et bois de qualité inférieure sont destinés à la trituration et à la confection de panneaux dérivés.

Types de coupes

En Europe, l'axe de coupe des planches et madriers sur dosse forme un angle de moins de 45° par rapport aux cernes de croissance. Pour les planches sur quartier, cet angle doit être supérieur à 45°.
En Amérique du Nord, les bois de dosse sont tranchés selon un angle inférieur à 30° par rapport aux cernes annuels. Lorsque l'angle est compris entre 30° et 60°, les planches sont débitées sur maille et leur dessin rayonné laisse apparaître les rayons ligneux.
Idéalement, dans les débits sur quartier, la coupe radiale forme un angle droit avec les cernes. En fait, l'angle de coupe est souvent compris entre 90° et 60° ; il s'agit d'un débit sur faux quartier, communément assimilé au débit sur quartier. La coupe tangentielle sur quartier est un compromis entre les deux.

Coupes et débits

La coupe tangentielle est parallèle à l'axe du tronc et tangentielle par rapport aux cernes de croissance.
La coupe radiale est parallèle à l'axe du tronc presque à angle droit par rapport aux cernes de croissance.
Sur certains feuillus – notamment le chêne – les rayons ligneux courant en travers fil, appelés mailles, tracent un dessin moucheté très décoratif. Lorsque la coupe radiale les met en évidence, on parle de débit sur maille. La coupe tangentielle donne ainsi des débits sur plots et sur dosse, alors que la coupe radiale produit des débits sur quartier et sur faux quartier.

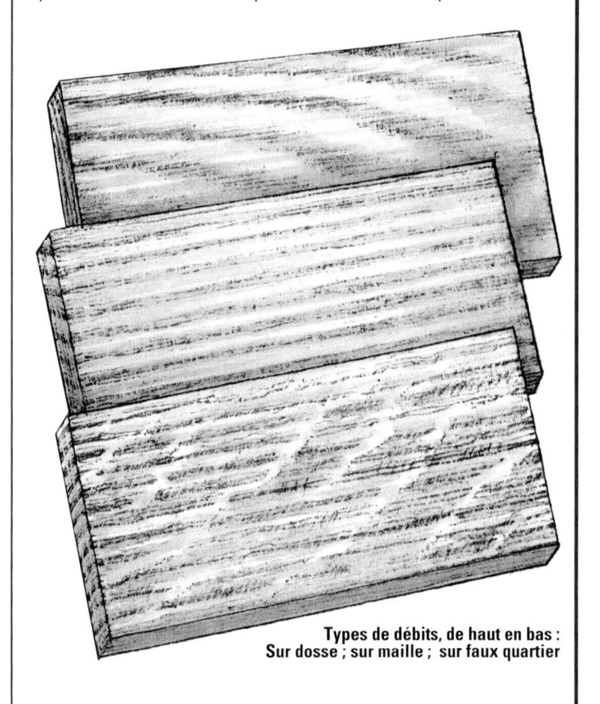

Types de débits, de haut en bas : Sur dosse ; sur maille ; sur faux quartier

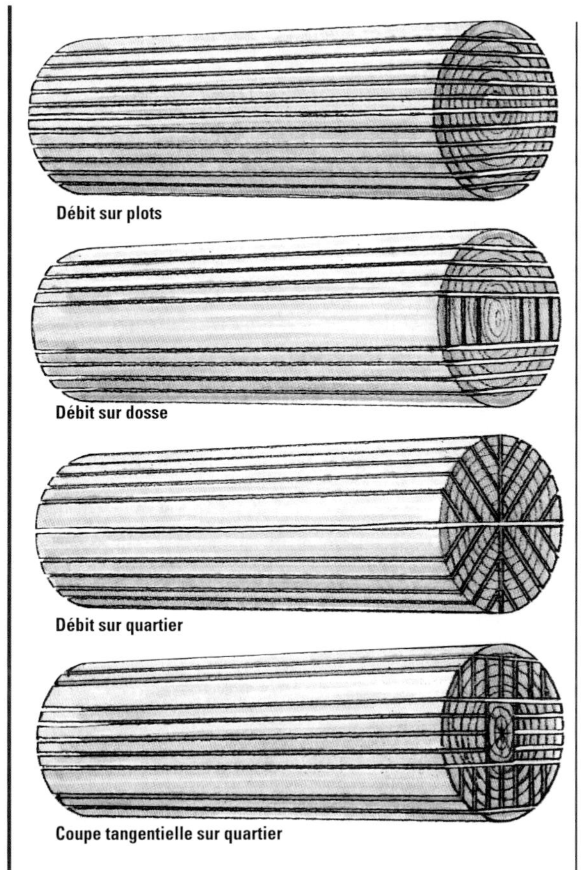

Débit sur plots

La stabilité et le dessin du bois dépendent de l'inclinaison de la scie par rapport aux cernes annuels. La méthode la plus rentable est le débit sur plots, qui permet d'obtenir des planches sur dosse, sur maille et quelques plateaux sur quartier. Le débit sur dosse consiste à scier les extrémités de la bille sur plots, puis à tirer de la partie centrale des planches sur dosse et sur maille.

Débit sur quartier

Cette méthode autorise diverses variantes, plus ou moins rentables. Pour obtenir les plus belles planches, dites de "bois parfait", l'axe de coupe doit être rigoureusement parallèle aux rayons ligneux rayonnant à partir du centre. Ce procédé est rarement employé car il produit trop de déchets ; on lui préfère le débit sur faux quartier : la bille est coupée en quatre et chaque quartier est débité en planches. Les scieries industrielles pratiquent plutôt la coupe tangentielle sur quartier : la bille est débitée en trois plateaux de même épaisseur, dont on tire des avivés, planches ne présentant que des arêtes vives. Pour évaluer la stabilité d'une planche sur quartier, inspectez le bois de bout : lorsque les cernes sont perpendiculaires à la face, la pièce est moins susceptible de se déformer. Vous aurez néanmoins du mal à ne sélectionner que des planches de bois parfait, car les marchands vendent souvent le matériau par lots.

Stabilité

Au cours du séchage, le bois se rétracte et les planches ont tendance à se déformer. Le retrait est généralement deux fois plus important dans le sens des cernes que dans le sens des rayons ligneux. Ainsi, les planches de dosse y sont particulièrement susceptibles sur leur largeur, alors que les débits sur quartier rétrécissent très légèrement sur leur largeur et à peine dans leur épaisseur.
Les mouvements de retrait favorisent également les déformations : sur une planche de dosse, les cernes concentriques vont pratiquement d'un chant à l'autre et leur longueur varie : les plus longs, sur l'extérieur, se rétractent plus que les cernes intérieurs et la planche se cintre sur sa largeur, par effet de "tuilage". Les bois équarris peuvent évoluer en losanges et les pièces rondes risquent de s'allonger en ovale.
Les planches de bois parfait, dont les cernes courent d'un bord à l'autre et sont pratiquement de même longueur, se déforment beaucoup moins.

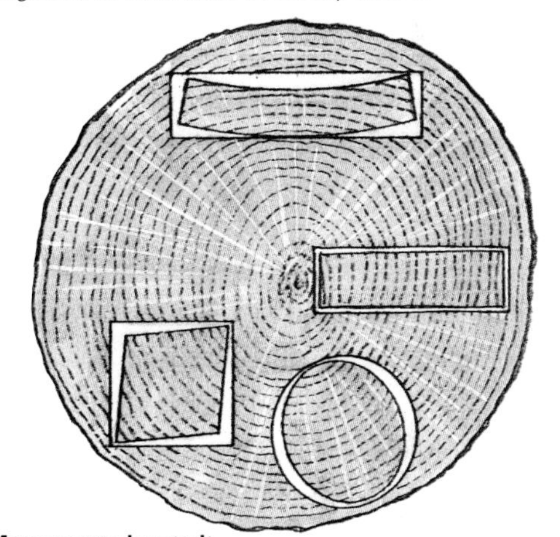

Mouvements de retrait
L'orientation des cernes de croissance détermine la tendance à la déformation des planches.

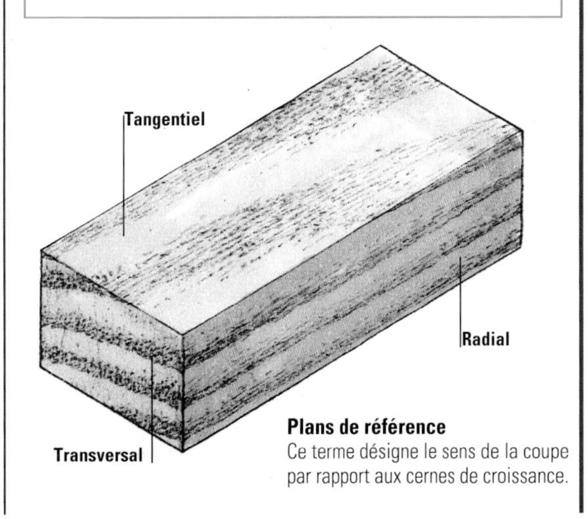

Plans de référence
Ce terme désigne le sens de la coupe par rapport aux cernes de croissance.

LE DÉBITAGE ARTISANAL

Outre les planches et madriers, les billes peuvent être débitées en blocs de bois massif destinés aux sculpteurs, tourneurs et graveurs. On trouve dans le commerce des pièces de toutes tailles, issues des différentes parties du bois, et les fournisseurs spécialisés vendent des essences et des coupes originales. Mais l'originalité se paie et les amoureux du bois préfèrent parfois s'offrir une scierie mobile pour débiter eux-mêmes leurs billes.

Scieries forestières

Très pratiques pour travailler sur le parterre de coupe, les scieries forestières portatives comportent soit une tronçonneuse soit une scie à ruban. Encore relativement chères, elles s'amortissent très vite : le bûcheron économise l'achat de bois de sciage et peut en outre proposer ses services à d'autres amateurs.

Le cadre mobile, équipé d'une lame entraînée par un moteur, se monte transversalement sur la bille. La plupart des modèles sont alimentés à l'essence, mais les scieries électroportatives conviennent davantage aux billes de moindre diamètre. Le cadre permet de régler la hauteur de la lame en fonction de la profondeur de coupe recherchée.

Quel modèle choisir ?

Les scieries avec tronçonneuse sont dotés d'une lame à refendre destinée à trancher dans le sens du fil ; les plus puissants peuvent débiter des troncs très larges. Ce type de scierie est néanmoins à proscrire pour les coupes en travers du fil.

Le modèle avec scie à ruban donne un trait de coupe plus fin que le précédent, et produit par conséquent moins de déchets. Le plus compact peut être manié par un seul homme et permet de débiter des pièces de 3 à 225 mm d'épaisseur et de sectionner des billes de 500 mm de diamètre.

Où trouver des fûts ?

Les billes sont bien moins difficiles à se procurer qu'il n'y paraît : en explorant un peu votre région, vous repérerez sûrement des arbres abattus dans les exploitations agricoles, les parcs, vergers et jardins privés, les zones en voie d'urbanisation et les bords d'autoroute. Si leur bois n'a pas de valeur marchande particulière, les propriétaires vous les céderont certainement à bas prix, voire gratuitement. Veillez à choisir un sujet sain et, à moins qu'il ne s'agisse d'essences nobles, délaissez les fûts plantés de clous ou abandonnés sur des terrains jonchés de pièces métalliques.

Après débitage, le bois devra être soigneusement séché pour produire un matériau exploitable (voir p. 26).

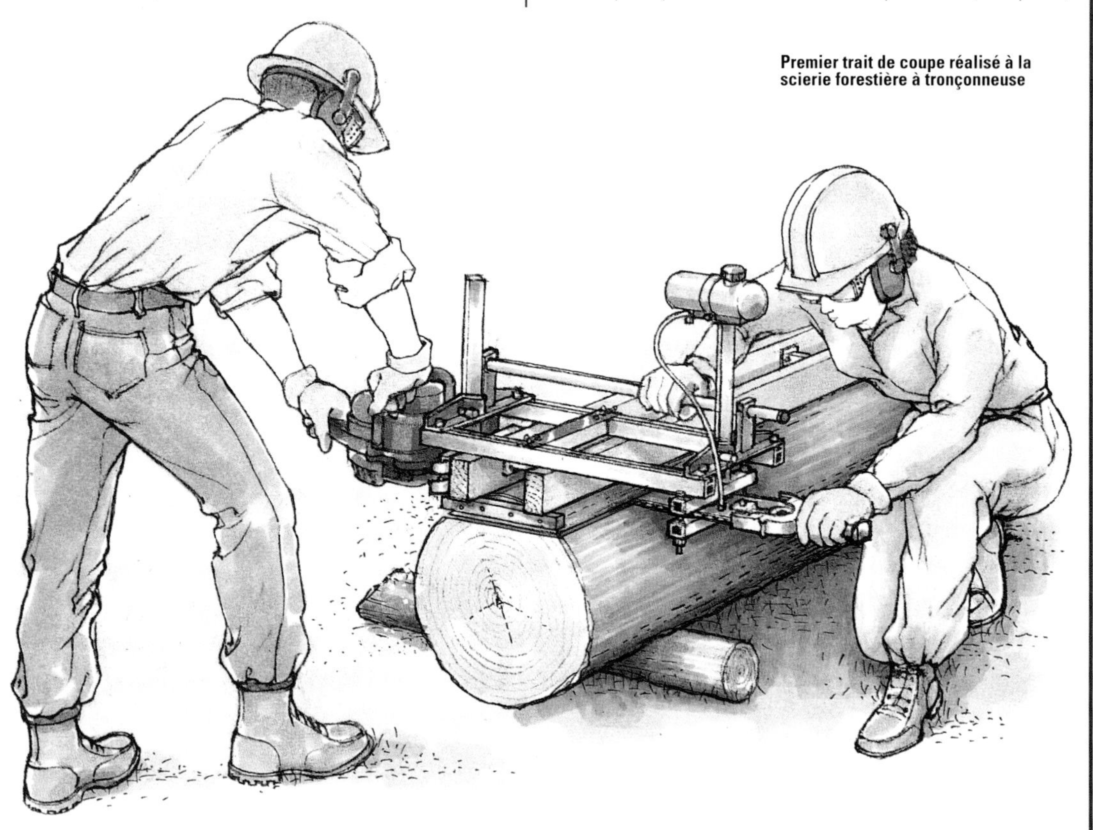

Premier trait de coupe réalisé à la scierie forestière à tronçonneuse

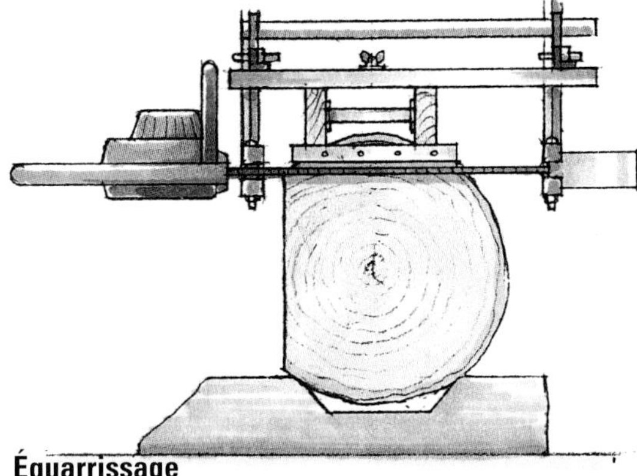

Préparation

Préférez travailler au ras du sol. Commencez par ébrancher la grume à la tronçonneuse en veillant en permanence à ne pas laisser rouler le tronc lourd et instable. Au besoin, coupez la bille à la longueur désirée, en tenant compte des chutes de débitage. Gardez les branches et les déchets pour faire du bois de chauffage.

Blocage de la bille

La bille doit avant tout être immobilisée. Les troncs volumineux devant être débités en planches épaisses peuvent se travailler au niveau du sol. Les plus lourdes devront être manipulées par deux personnes munies de crochets à grumes. Pour soutenir et bloquer les billes plus légères, déposez-les sur une chaise au sol ou des cales en V.

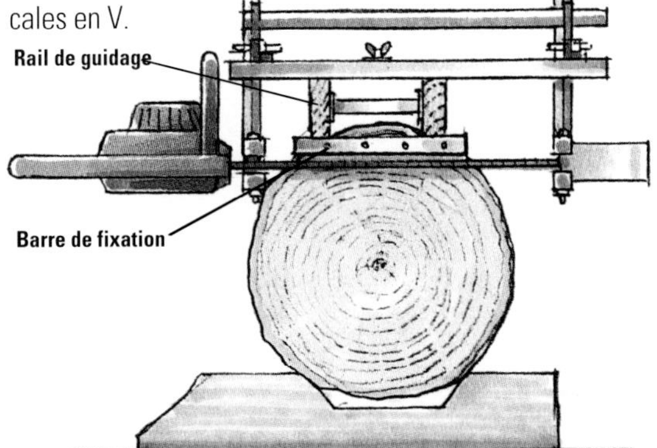

Lavage de la grume

Éliminez les excroissances superficielles, de sorte que la surface de la bille soit uniforme et régulière. Fixez le rail de guidage fourni avec la scierie (ou confectionné sur mesure) sur la bille. Réglez la profondeur de coupe au-dessous de la barre de fixation du rail et faites coulisser la scierie le long de la bille pour "laver" la grume, c'est-à-dire détacher la première planche bombée, ou dosse.

Équarrissage

Débloquez le rail de guidage et détachez la dosse, puis tournez la bille de 90°. Replacez le rail et fixez-le perpendiculairement à la première face dressée. Au besoin, ajustez à nouveau la profondeur de coupe avant de procéder à la coupe d'équarrissage. Retirez le rail de guidage et la deuxième dosse.

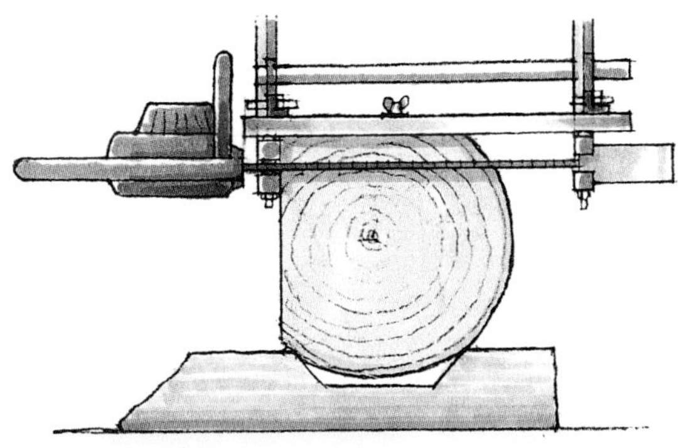

Débitage des planches

Réglez la profondeur de coupe selon l'épaisseur de planche désirée, puis tranchez le bois en faisant glisser le rail de guidage de la scierie sur la face dressée. Les sciages ainsi produits ne présentent qu'une arête vive.

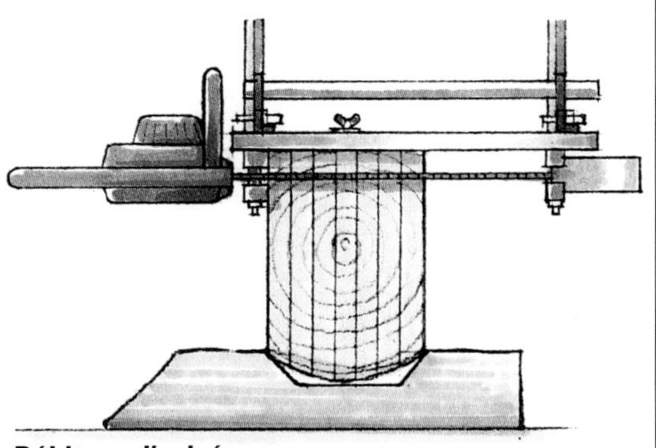

Débitage d'avivés

Pour obtenir des pièces à quatre arêtes vives, équarrissez tout d'abord la bille sur trois côtés, puis débitez-la en planches que vous poserez côte à côte sur leur face bombée avant de les serrer. Positionnez la lame de la scie sur la profondeur de coupe souhaitée et coupez les avivés à la largeur ou à l'épaisseur souhaitée.

LE SÉCHAGE DU BOIS

Le séchage du bois de coupe consiste à éliminer l'eau retenue dans les alvéoles et l'essentiel de l'humidité contenue dans les parois cellulaires. Le bois séché se stabilise et gagne en densité, en rigidité et en résistance. Les graveurs, sculpteurs et fabricants de chaises consentent parfois à utiliser du bois vert, disponible plus rapidement et en pièces plus volumineuses, mais seul le bois sec convient aux ouvrages de menuiserie et d'ébénisterie.

Du bois vert au bois mi-sec

Lorsque l'arbre vient d'être abattu, ses parois cellulaires sont saturées et ses alvéoles gorgées d'eau. A mesure qu'il sèche, cette eau s'évapore, mais les parois cellulaires préservent un degré d'humidité de l'ordre de 30 %. Ce "point de saturation", caractéristique du bois vert, est plus ou moins élevé selon les essences.

Lorsque les parois cellulaires commencent à se déshydrater, le bois subit un mouvement de retrait, phénomène qui ne s'arrête que lorsque le degré d'humidité du matériau coïncide avec l'état hygrométrique moyen de l'atmosphère ambiante. On parle alors d'équilibre hygrométrique et l'on obtient un bois mi-sec, ou "ressuyé".

Il convient de contrôler rigoureusement le processus de séchage et l'équilibre hygrométrique pour éviter que le bois ne subisse des contraintes et des déformations dues au retrait ou au gonflement.

Séchage à l'air industriel

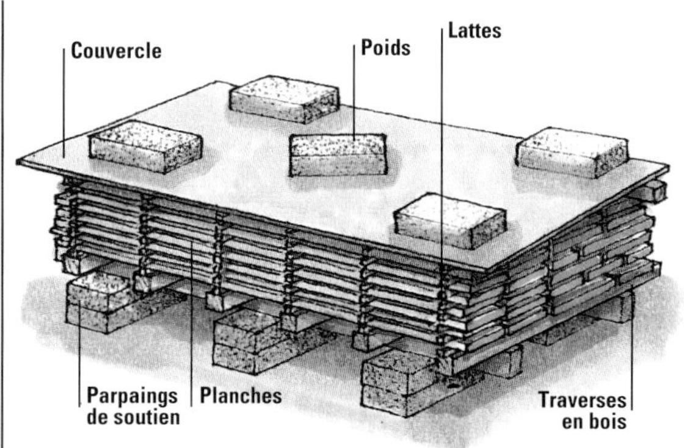

Empilage des planches

Préparation du bois

Les billes débitées en hiver, à l'époque où la circulation de sève est faible et où le froid minimise les attaques fongique, sèchent plus rapidement. Les planches débitées sur plots ne sont ni écorcées ni débarrassées de leur aubier : ces épaisseurs réduisent en effet les risques de déformation dus à un séchage rapide ou irrégulier.

Séchage à l'air

La technique traditionnelle de séchage à l'air consiste à empiler régulièrement les planches sur des lattes de 25 mm de section, disposées à 45 cm d'intervalle. L'empilage est entreposé à l'air libre ou sous abri ventilé. Il faut compter près d'un an pour sécher des planches de feuillus de 25 mm d'épaisseur, et moitié moins pour les résineux.

Les bois "secs à l'air" ainsi obtenus présentent un degré d'humidité compris entre 16 % et 14 %, selon l'hygrométrie ambiante. Les planches prévues pour un usage intérieur doivent être séchées artificiellement en séchoir, ou naturellement dans leur milieu de destination.

Empilage des planches

Choisissez un endroit bien aéré mais à l'abri des vents forts, de la pluie et surtout du soleil direct, premier ennemi du bois de séchage. Installez la pile sur un socle de béton ou un sol exempt de matière organique. Surélevez-la sur des parpaings, qui stabiliseront et soulageront les traverses de bois.

Disposez les traverses, selon le même espacement que celui des lattes. Commencez à empiler les planches en couches régulières, de façon à éviter les déformations et le voilage des surfaces. Recouvrez le sommet de la pile d'un panneau de contreplaqué imperméable ou d'un autre matériau comparable, que vous inclinerez de temps en temps pour faire ruisseler l'eau. Maintenez ce couvercle par des parpaings. Enduisez les extrémités des planches d'une épaisse couche de peinture protectrice pour les empêcher de se fendre en cas de séchage trop rapide.

Séchoir électrique pour le séchage artisanal.

Étuvage

Le degré d'humidité des bois d'ébénisterie ou de menuiserie intérieure ne doit pas dépasser 8 % à 10 %. Le passage au séchoir présente l'avantage de ramener très rapidement la teneur du bois en humidité au-dessous de l'hygrométrie ambiante. Les puristes préfèrent néanmoins les planches séchées à l'air, car certaines essences étuvées ont tendance à changer de couleur.

Les empilages de planches sont chargés sur des chariots et transportés à l'intérieur du séchoir. Un mélange rigoureusement contrôlé d'air chaud et de vapeur est alors insufflé dans les interstices, jusqu'à ce que le taux d'humidité tombe à un niveau paramétré en fonction de l'essence. Entreposé à l'extérieur, le bois étuvé, plus sec que le bois séché à l'air, sera plus vulnérable aux variations d'humidité. Mieux vaut par conséquent le stocker dans son milieu de destination.

Séchoir électrique pour le séchage artisanal.

Séchoir électrique

Si vous souhaitez suivre vous-même le processus de séchage de votre bois, procurez-vous un séchoir électrique auprès d'un fournisseur spécialisé. Les plus petits modèles, présentant une profondeur de 2,70 m sur 1,20 m de large et de haut, sont dotés d'une soufflerie produisant une chaleur sèche. Des régulateurs électroniques permettent de contrôler jour après jour la température et l'humidité, conformément à un calendrier fourni par le fabricant. La pile est installée sur un chariot de chargement, et des ventilateurs répartissent uniformément la chaleur émise par les résistances électriques. La vapeur d'eau dégagée se disperse à l'intérieur du séchoir et est évacuée régulièrement, assurant un séchage progressif qui n'agresse pas le bois.

Teneur en humidité

Pour déterminer le degré d'humidité d'un bois, on prélève tout d'abord un échantillon de bois vert, de préférence dans le milieu de la planche, la siccité des extrémités n'étant pas représentative. Cet échantillon est pesé puis passé dans une étuve pour donner un bois anhydre (0 % d'humidité). La différence de masse entre le bois vert et le bois anhydre correspond à la masse d'eau évaporée et permet de calculer la teneur en humidité du bois, exprimée en pourcentage de la grandeur initiale, selon la formule suivante :

$$\frac{\text{Masse d'eau évaporée}}{\text{Poids de l'échantillon anhydre}} \times 100$$

Hygromètres

L'hygromètre est un instrument simple et pratique permettant de contrôler la teneur en humidité. Il mesure la résistivité du bois et affiche immédiatement son degré d'humidité exprimé en pourcentage. Les appareils les plus courants comportent deux électrodes à piquer dans le bois ; les modèles électromagnétiques, maintenus au-dessus d'une planche, évaluent l'hygrométrie jusqu'à 18 mm de profondeur. Ils présentent l'avantage de ne pas entamer le bois, et sont donc tout indiqués pour contrôler les pièces ouvrées.

Dans tous les cas, relevez les taux d'hygrométrie en plusieurs endroits, car les différentes parties d'une planche ne sèchent pas à la même vitesse.

CHOIX DES BOIS

C'est d'abord en fonction de son aspect et de ses propriétés physiques et mécaniques que l'on sélectionne un bois pour une application donnée. Mais au-delà du simple choix de l'essence, l'acheteur doit aussi vérifier la qualité et l'état des planches, qui proviendront de préférence du même arbre. En cours de travail, il est conseillé de soumettre des échantillons aux divers traitements envisagés, afin d'évaluer le comportement du bois et par là même, sa tenue finale.

Achat

Les résineux les plus demandés en menuiserie et en charpenterie, tels que le pin, le sapin et l'épicéa, sont généralement disponibles de suite chez les négociants, sous forme de planches aux dimensions normalisées, équarries et parfois rabotées sur une ou deux faces.

Mises à part quelques essences présentées en avivés de 300 mm de large, la plupart des feuillus sont commercialisés en sciages de tailles variables. Si vous optez pour des débits de ce type, prévoyez une marge de sécurité sur la longueur pour compenser les pertes d'usinage (le rabotage retire au moins 3 mm de matière sur la largeur et l'épaisseur) et l'élimination des parties de moindre qualité.

L'achat d'une bille ou de sections de bille débitées en plots est plus avantageux : le bois est vendu en cubage "décamétré" ou réel, c'est-à-dire déduction faite de tous les défauts et chutes (aubier, nœuds, gerces de cœur, attaques d'insectes, etc.). De plus, une bille produit des plots de structure et d'aspect uniformes.

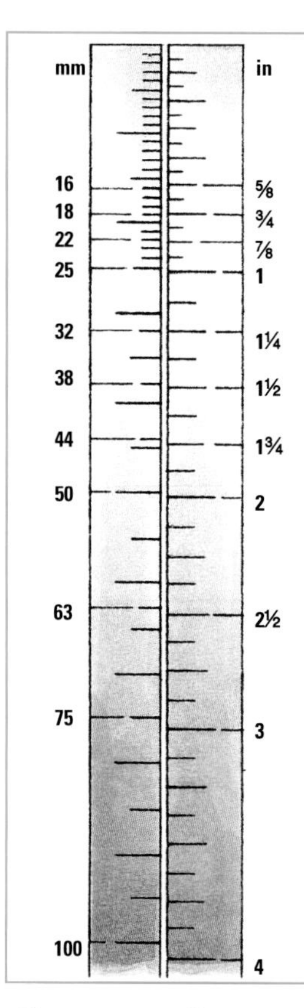

Système métrique et anglo-saxon

Bien que les normes internationales imposent désormais le système métrique pour le mesurage des sciages de bois de résineux, quelques pays producteurs utilisent encore le système anglo-saxon. Or, selon l'échelle adoptée, les dimensions des débits normalisés présentent un léger décalage, de l'ordre de 5 mm. Si les dimensions nominales des sciages que vous convoitez sont annoncées en pouces, munissez-vous de cette table de conversion graduée jusqu'à 100 mm pour éviter toute surprise.

Classements d'aspect et de structure

Les résineux sont classés en fonction de la régularité de leur grain et de la quantité de défauts admissibles, tels les nœuds. Pour les travaux de menuiserie générale, optez pour des pièces de qualité "menuiserie fine" ou "menuiserie". Les bois résineux de charpente devant présenter une bonne résistance sont classés en fonction des contraintes admissibles. Les bois nets de défauts apparents, de qualité "surchoix" ne présentent aucun nœud ni imperfection de surface, mais ne sont généralement disponibles que sur commande.

Le classement des feuillus est déterminé par la somme des diamètres des défauts présents sur une longueur donnée : la qualité du bois est inversement proportionnelle à cette valeur. Pour les travaux de menuiserie ordinaires, recherchez des qualités "hors choix" et "premier et deuxième choix". La réalisation de pièces fines, notamment en chêne, exige en revanche un bois de qualité "ébénisterie".

Il est certes très tentant de se procurer son bois par correspondance, comme le proposent aujourd'hui certains négociants, mais pour plus de sécurité, mieux vaut se déplacer pour choisir ses planches. Prévoyez un petit rabot pour enlever un peu de matière, au cas où la couleur et le fil des pièces qui vous intéressent seraient masquées par la poussière ou la sciure.

Défauts du bois

Les bois présentant des défauts d'aspect ou de structure peuvent être très difficiles à travailler. Si le bois n'a pas séché assez longtemps, il risque de se cintrer, de se fendre et de subir des mouvements de retrait qui désolidariseront les planches collées sur chant. Traquez les grains irréguliers, les nœuds et les fissures. Inspectez le bois de bout pour identifier le type de débit dont la planche est issue et repérer les déformations éventuelles. Observez la planche dans sa longueur pour détecter les signes de gauchissement ou de cintrage. Les taches incrustées, due à une accumulation d'eau sur la pile de bois ou au contact de lattes d'essence incompatible, peuvent être indélébiles. Enfin, tentez de déceler les marques d'attaques d'insectes ou de développement fongique.

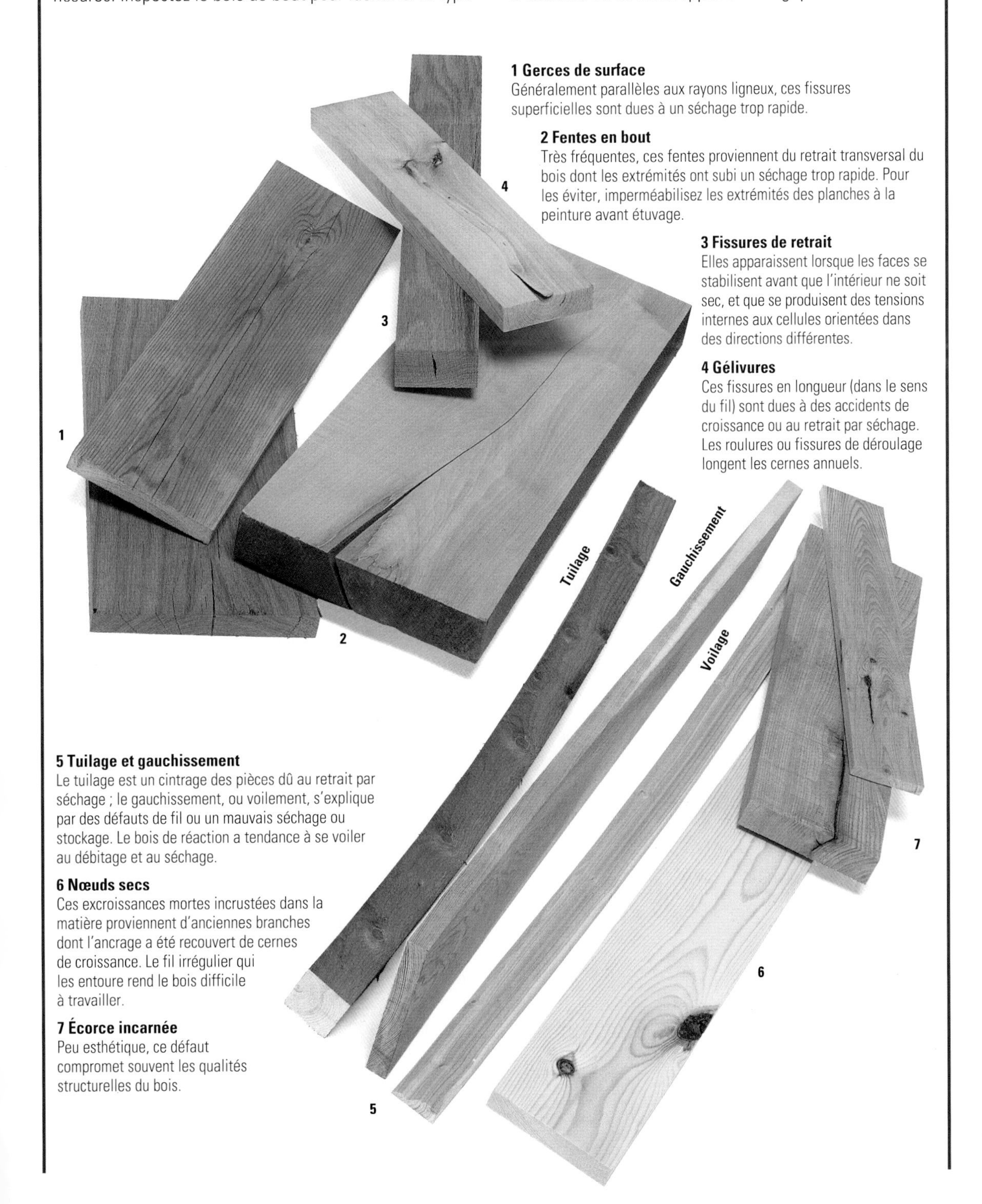

1 Gerces de surface
Généralement parallèles aux rayons ligneux, ces fissures superficielles sont dues à un séchage trop rapide.

2 Fentes en bout
Très fréquentes, ces fentes proviennent du retrait transversal du bois dont les extrémités ont subi un séchage trop rapide. Pour les éviter, imperméabilisez les extrémités des planches à la peinture avant étuvage.

3 Fissures de retrait
Elles apparaissent lorsque les faces se stabilisent avant que l'intérieur ne soit sec, et que se produisent des tensions internes aux cellules orientées dans des directions différentes.

4 Gélivures
Ces fissures en longueur (dans le sens du fil) sont dues à des accidents de croissance ou au retrait par séchage. Les roulures ou fissures de déroulage longent les cernes annuels.

5 Tuilage et gauchissement
Le tuilage est un cintrage des pièces dû au retrait par séchage ; le gauchissement, ou voilement, s'explique par des défauts de fil ou un mauvais séchage ou stockage. Le bois de réaction a tendance à se voiler au débitage et au séchage.

6 Nœuds secs
Ces excroissances mortes incrustées dans la matière proviennent d'anciennes branches dont l'ancrage a été recouvert de cernes de croissance. Le fil irrégulier qui les entoure rend le bois difficile à travailler.

7 Écorce incarnée
Peu esthétique, ce défaut compromet souvent les qualités structurelles du bois.

LES PROPRIÉTÉS DU BOIS

Lorsque l'on envisage de réaliser un ouvrage en bois, l'apparence du matériau (fil, couleur, texture) est un aspect essentiel. Souvent considérés à tort comme secondaires, la résistance et la maniabilité constituent des critères de sélection tout aussi important. En ce qui concerne les placages, l'aspect du bois est primordial.

Le fil

L'ensemble de la structure cellulaire d'un bois constitue son fil, que l'on caractérise en fonction de son agencement et de son orientation par rapport à l'axe principal du tronc. La disposition et l'orientation des cellules longitudinales donnent naissance à différents types de fils. Les arbres à croissance rectiligne produisent un bois à fil droit. Lorsque les fibres dévient de cet axe, on parle de fil entremêlé ou entrecroisé. Lorsque l'arbre pousse en spirale, il produit un fil tors ou "vissé". Certaines essences présentent une croissance particulière, formant une succession de couches de fibres alternativement couchées à droite et à gauche et délimitées par les cernes de croissance ; leur fil est alterné ou "rubané". Les fils ondés et madrés présentent des fibres ondoyantes, le dessin étant régulier pour l'un et irrégulier pour l'autre. Les bois à fil tourmenté peuvent être difficiles à travailler du fait du changement constant d'orientation des cellules.

Dans les planches dont le fil est irrégulier ou ondulé, le dessin varie selon l'angle de débitage et la capacité des fibres à réfléchir la lumière. Ce sont précisément ces effets que l'on exploite pour produire des placages décoratifs.

Travail du bois

Le terme de fil intervient également pour qualifier certaines coupes et opérations. Ainsi, raboter une planche "dans le sens du fil" consiste à manier le rabot avec les fibres parallèles ou à l'oblique par rapport à l'axe de coupe, ce qui permet d'obtenir une surface lisse et régulière. En revanche, le rabotage "à contre fil", effectué en direction opposée du sens des fibres, produit inévitablement un aspect grossier. Le bois est débité "dans le sens du fil" lorsque la coupe est faite dans la longueur de l'arbre, c'est-à-dire parallèlement aux fibres. Le sciage ou le rabotage "à travers fil" désigne au contraire les coupes faites plus ou moins perpendiculairement au sens du fil.

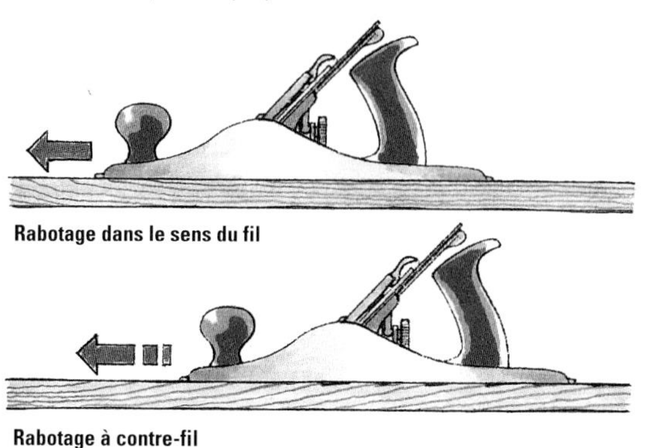

Rabotage dans le sens du fil

Rabotage à contre-fil

Le veinage

On parle souvent de fil pour décrire l'apparence du bois, mais cette expression abusive fait en réalité référence à un ensemble de caractéristiques naturelles de croissance que l'on appelle la figure, le dessin ou, plus communément, le veinage. La marque de transition entre le bois de printemps et le bois d'été, la densité des cernes annuels ainsi que leur disposition concentrique ou excentrée, la répartition des couleurs, l'effet des maladies ou des contraintes, et la méthode de débitage utilisée participent à la formation du veinage.

Mise en valeur du veinage

La plupart des arbres produisent des fûts de forme conique qui, lorsqu'ils sont débités sur dosse, mettent en évidence le dessin ogival des cernes de croissance. Lorsque la bille est débitée sur quartier, les cernes étant perpendiculaires au plan de coupe, le dessin devient moins apparent et produit des rayures parallèles.

La fourche que forme une branche avec le fût de l'arbre produit un dessin fourchu et ondoyant, très prisé pour les placages. De même, la loupe ou "broussin", excroissance maladive causée par une blessure, entre également dans la fabrication de placages. Très recherchée par les tourneurs, elle offre un dessin madré, parsemé de petites ondes.

Le grain

Ce terme désigne la dimension, l'uniformité et la régularité des pores du bois. De petites cellules très rapprochées produisent un grain fin ; inversement, les cellules larges forment un grain grossier. Dans les bois des pays tempérés présentant un bois de printemps et un bois d'été distincts, on parle de texture. Elle est définie en fonction de la répartition des cellules dans les cernes de croissance. Lorsque la limite entre bois de printemps et bois d'été est peu visible, le bois présente une texture homogène. On parle en revanche de texture irrégulière ou hétérogène lorsque le cerne est franchement contrasté.

Lorsqu'ils connaissent une croissance lente, les bois à grain grossier, comme le chêne ou le frêne, développent des pores plus fins et sont plus légers et plus tendres.

Texture et façonnage

Le bois de printemps est plus léger et donc plus facile à couper que le bois d'été. Des outils bien affûtés permettent des coupes franches, mais un ponçage agressif en finition risque de relever les fibres du bois d'été. A cet égard, les essences à texture homogène sont plus faciles à travailler.

Porosité des feuillus

On distingue parmi les feuillus des essences "à zone poreuse" et des essences "à vaisseaux diffus". Sur les premières, telles le chêne ou le frêne, les gros vaisseaux du bois de printemps forment un anneau très apparent, qui tranchent sur les fibres serrées et les vaisseaux très fins du bois d'été. Les secondes, telles le bouleau, présentent des vaisseaux de taille à peu près régulière, et réagissent mieux aux finitions. L'acajou est une essence intermédiaire, dite "à pseudo-zone poreuse", marquées par des vaisseaux disposés en zones poreuses dans le bois de printemps, et diffus dans le bois d'été.

Bois à zone poreuse

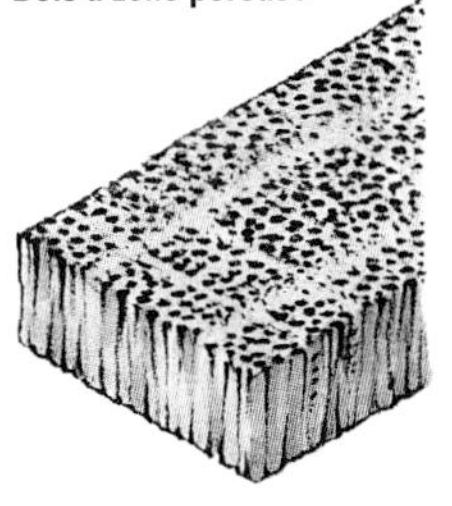

Bois à vaisseau diffus

Durabilité

Il s'agit de la capacité physiologique des arbres sur pied à résister aux attaques de champignons, insectes et bactéries. Une espèce durable conservera une bonne tenue sur plus de 25 ans, alors que la longévité d'une espèce non durable ne dépassera pas 5 ans, étant entendu que les facteurs climatiques et l'environnement peuvent modifier ces données.

Classification botanique

Les fiches signalétiques des principales essences de feuillus et de résineux présentées au chapitre 2 (pages 44-53 et 56-82), indiquent le nom commercial le plus usité de chaque bois et, en italique, son nom botanique précisant ses genre et espèce.
C'est ce nom latin qui a présidé au classement alphabétique du répertoire. Il constitue la seule classification universelle fiable permettant d'identifier une essence avec précision. Dans les guides de référence et les catalogues de fournisseurs, les notations "Sp." ou "Spp." suivant le nom générique, signalent les essences constituant une variété particulière d'un genre.

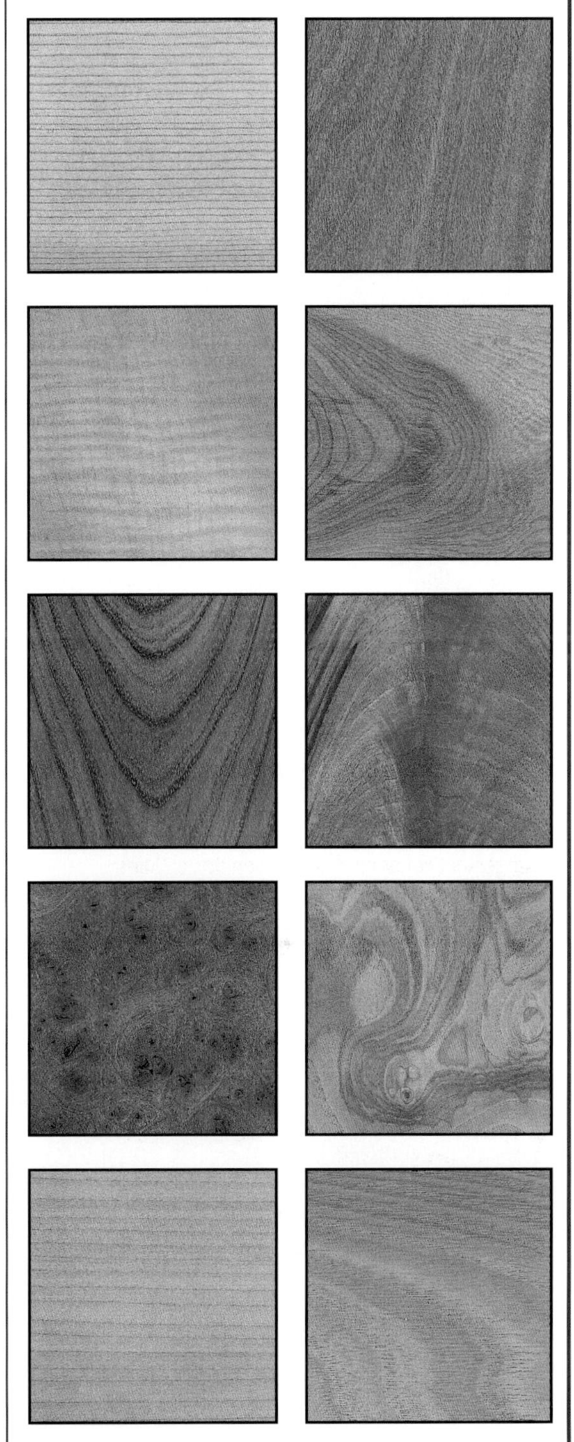

Textures et motifs
(de haut en bas et de gauche à droite) :

1. Fil droit (épicéa de Sitka)
2. Fil ondé (sycomore "dos de violon")
3. Dessin ogival (acacia d'Australie)
4. Loupe (orme)
5. Grain fin (tilleul)
6. Fil alterné (Citron de Ceylan)
7. Fil irrégulier (bouleau jaune)
8. Ronce (noyer)
9. Broussin (frêne)
10. Grain grossier (châtaignier)

CINTRAGE À LA VAPEUR

Aucune application ne témoigne mieux de l'extraordinaire polyvalence du bois que le cintrage, produisant des pièces courbées dont la résistance n'a d'égale que l'élégance. Les sections minces s'incurvent docilement, mais pour cintrer des planches plus épaisses ou resserrer une courbe, le menuisier s'équipera d'une étuve, d'une forme de cintrage et d'un feuillard à poignées. Fortement retenues sur l'extérieur par le feuillard, les fibres du bois, ramollies par la vapeur; supportent mieux les contraintes de compression et de tension de la mise en forme.

1

2

1 Cintrage réussi
Cette pièce de hêtre ne montre aucune marque de contrainte.

2 Cintrage médiocre
Cette planche de bois exotique a mal réagi à la compression.

Choix des bois

Le cintrage sollicitant énormément la structure du bois, le moindre défaut peut compromettre le résultat : sélectionnez une pièce à fil droit exempte de nœuds et de fissures. Le bois vert est des plus malléables, et le bois sec à l'air se cintre plus facilement qu'un bois étuvé. N'hésitez pas à réhumidifier les bois très secs avant de procéder à leur étuvage à la vapeur.

Repérez dans le répertoire des essences (pages 44-53 et 56-82) les bois les plus aptes au cintrage. Votre fournisseur pourra également vous conseiller d'autres bois. Ce traitement fait néanmoins intervenir tant de paramètres que le résultat est des plus imprévisibles.

Avant de se lancer dans un projet de grande envergure, mieux vaut se faire la main sur quelques échantillons de même nature.

Préparation des bois

Selon la nature de votre ouvrage, vous donnerez leurs mesures définitives aux pièces avant ou après cintrage. Dans tous les cas, prévoyez une marge de 100 mm sur la longueur, de façon à éliminer les fentes en bout ou parties abîmées par le feuillard.

Le bois préalablement poncé, moins susceptible de se fissurer après cintrage, prend également mieux les finitions. Le bois vert préparé avant cintrage se rétracte plus que le bois sec, et les pièces de section ronde en bois vert tendent à s'allonger en ovale.

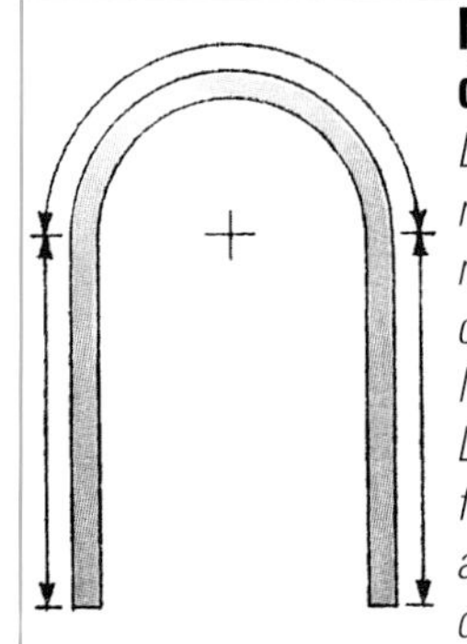

Mesure du rayon de courbure

Dessinez un plan grandeur nature de votre projet et mesurez le rayon extérieur du cintrage pour déterminer la longueur totale de la pièce. Les fibres intérieures, fortement comprimées, admettront le rétrécissement demandé.

Le feuillard

Découpez le feuillard dans une bande d'acier doux de 1,5 mm d'épaisseur, plus large que la pièce à cintrer. Pour éviter de tacher le bois, choisissez un acier inoxydable ou revêtu d'un traitement anti-oxydation. A défaut, enveloppez l'ouvrage dans une feuille de polyéthylène. Les butées en bois dur ou en métal maintiennent la pièce en place, l'empêchant de s'étirer et de se fendre sur sa face extérieure. Les poignées en bois fixées à l'arrière du feuillard et fixées par des boulons vous permettront de faire levier pour plier le feuillard et cintrer le bois étuvé autour du moule.

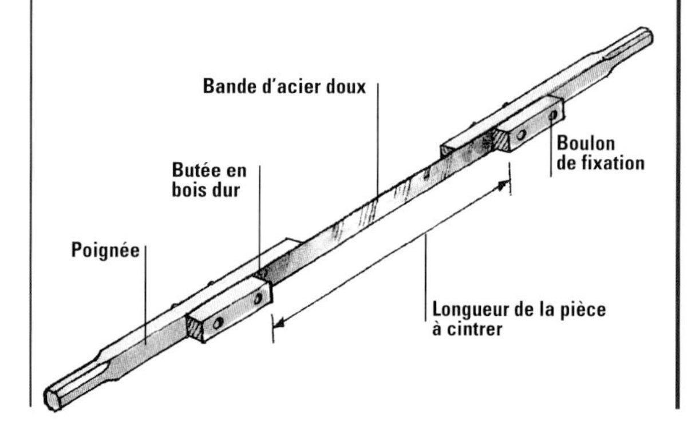

Fabrication du moule

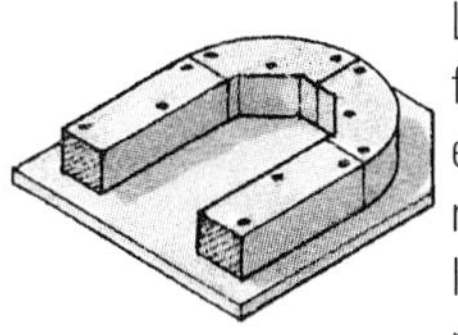

Moule en bois massif

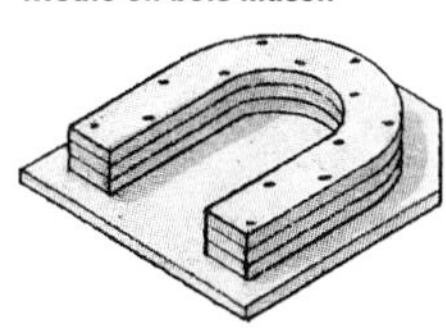

Moule en contreplaqué pré-cintré

Le moule, qui donnera sa forme finale au bois étuvé à la vapeur, enserre les fibres intérieures ramollies. Il doit être légèrement plus large que la pièce à travailler et comporter des logements pour les serre-joints qui maintiendront la pièce et le feuillard. Le bois cintré ayant tendance à se redresser après desserrage, la courbure du moule doit être un plus serrée que la forme finale ; il vous faudra sûrement faire plusieurs essais avant de trouver le moule idéal.

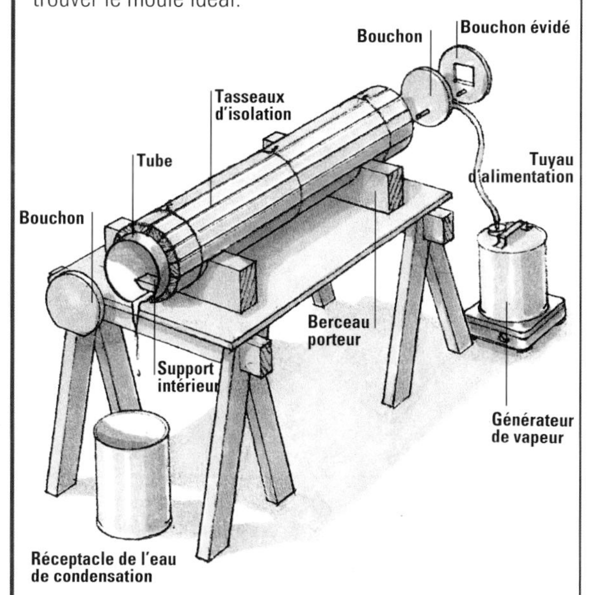

Confectionnez-le soit en aboutant des sections de contreplaqué ou de bois massif, soit à l'aide d'un panneau de contreplaqué pré-cintré et fixez cette structure à un socle de contreplaqué.

Confection d'une étuve

Les petits travaux ou les pièces plus longues ne devant être cintrées que sur une section peuvent être étuvés dans un simple tube plastique ou métallique, fermé à ses extrémités par des bouchons amovibles en contreplaqué pour extérieur. Ménagez une ouverture dans l'un des bouchons pour faire passer le tuyau d'alimentation en vapeur puis, à l'aide d'un rabot, pratiquez sur le bas de l'autre bouchon un petit replat qui servira d'évent et d'orifice de drainage. Les pièces longues sont maintenues par des bouchons évidés et les pièces courtes reposent sur des supports intérieurs pour éviter le contact direct avec le fond du tube. Isolez le tube avec de la mousse ou des tasseaux maintenus par du fil de fer. Calez l'ensemble sur un berceau légèrement incliné.

Production de vapeur

Procurez-vous un petit générateur de vapeur électrique ou improvisez un système à partir d'un bidon de 20 litres muni d'un couvercle amovible. Placez-le sur un réchaud. Fixez une extrémité d'un tuyau de caoutchouc à un raccord soudé au couvercle et faites passer l'autre extrémité dans le bouchon de l'étuve. Pour obtenir de la vapeur en continu, remplissez à moitié le bidon d'eau et mettez à bouillir. A titre indicatif, l'étuvage d'une pièce de bois de 25 mm d'épaisseur prend environ une heure.

Préparation

Vous n'aurez que quelques minutes pour positionner le bois étuvé autour du moule et le courber avant qu'il ne perde de sa malléabilité : prévoyez suffisamment de serre-joints à portée de main et chauffez le feuillard de sorte que l'acier ne refroidisse pas le bois.

Cintrage

Arrêtez le chauffage ; sortez la pièce de l'étuve et

placez-la dans le feuillard préalablement chauffé. Plaquez le centre de la pièce sur le haut du moule et serrez le sommet de la courbe en interposant une cale de bois entre le feuillard et la mâchoire du serre-joints. Enfin, ramenez les côtés de la pièce sur les parois du moule et bloquez le tout avec autant de serre-joints que nécessaire. Laissez le bois refroidir sur le moule ou détachez-le au bout d'un quart d'heure et serrez-le à l'aide d'une presse sur une forme de séchage pour libérer le moule. Selon les essences, le séchage prend de 1 à 8 jours.

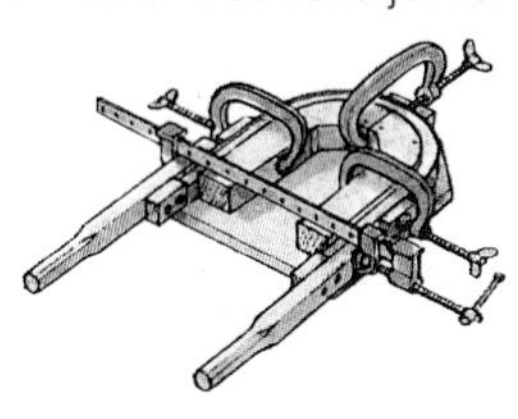

Blocage sur le moule

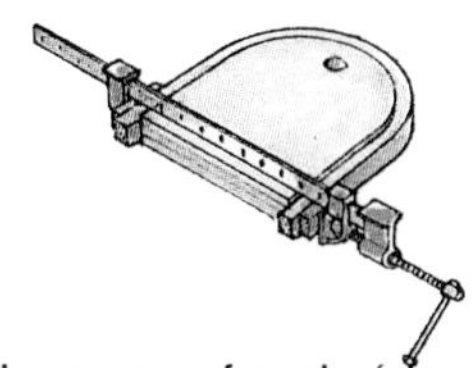

Blocage sur une forme de séchage

CINTRAGE DU STRATIFIÉ

A la différence du bois massif, qui ne peut s'incurver qu'après étuvage à la vapeur, le stratifié se cintre à froid. Ce matériau, constitué de fines lamelles de bois ou de placage superposées et collées sous presse, présente une remarquable résistance mécanique. Ses fibres, moins sensibles aux contraintes, permettent en outre de réaliser des courbes plus serrées et des formes plus fantaisistes.

Chaise en hêtre stratifié

Choix du bois

Les feuilles épaisses utilisés pour la confection de panneaux manufacturés peuvent être assemblées pour réaliser des pièces cintrées ou habillées en parement de placages décoratifs. Si vous souhaitez découper des lamelles dans un bloc de bois massif, choisissez une essence à fil droit sans nœuds ni fissures.

Tranchés en lamelles suffisamment fines, pratiquement tous les bois conviennent, à condition toutefois qu'ils réagissent convenablement au cintrage (voir pages 44-53 et 56-82)

Débitage des lamelles

Pour obtenir un motif à fil régulier, garant d'un bon résultat, débitez les lamelles dans un même bloc de bois massif. Préférez des planches sciées sur quartier car, les fibres courant dans la longueur des lamelles,

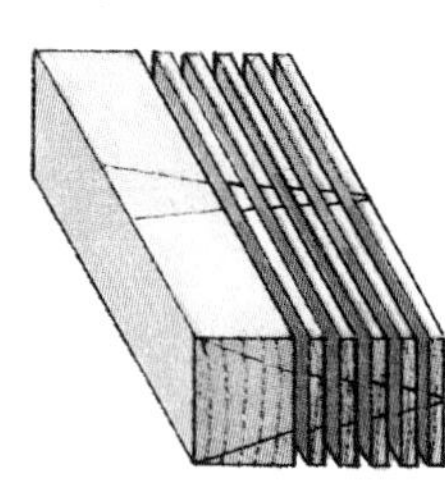

elles se courbent plus volontiers. Avant de couper, marquez un repère d'ajustement en V sur le bois de bout et sur une face, de façon à aligner parfaitement des lamelles lors de l'assemblage du stratifié.

Épaisseur des lamelles

De très fines lamelles de bois massif ou de placage autorisent des courbes plus serrées et risquent moins de se décintrer. Les lamelles plus épaisses sont néanmoins plus économiques, car chaque trait de scie représente une perte de matière. Pour déterminer l'épaisseur idéale, effectuez quelques essais préalables.

Si vous envisagez de réaliser une pièce épaisse ou un cintrage très serré, mieux vaut humidifier les lamelles, les précintrer sur un moule et les laisser sécher avant collage.

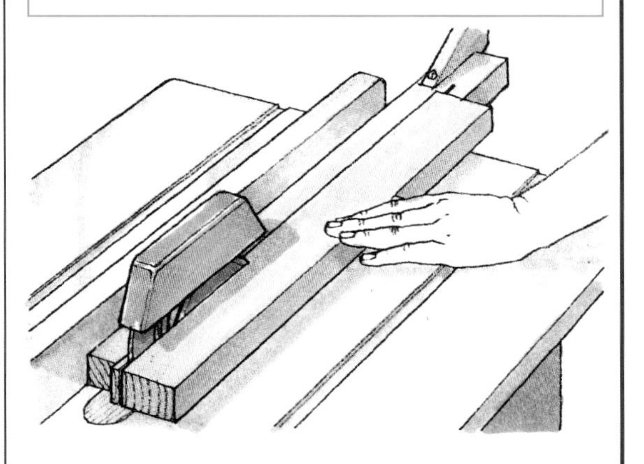

Sciage électrique

Pour découper des lamelles à la scie à ruban, faites glisser le chant raboté du bloc de bois contre le guide latéral et prévoyez une surépaisseur. Puis dressez la face brute de sciage au rabot et renouvelez l'opération. Passez enfin toutes les lamelles dans un calibre pour les retailler à même épaisseur. La scie circulaire montée sur table a l'avantage de débiter des lamelles dressées, mais au moindre dérapage, la lamelle risque de se fendre ou de voler en éclats. Pour des lamelles très fines, placez un poussoir muni d'une encoche entre le guide latéral et le bloc de bois.

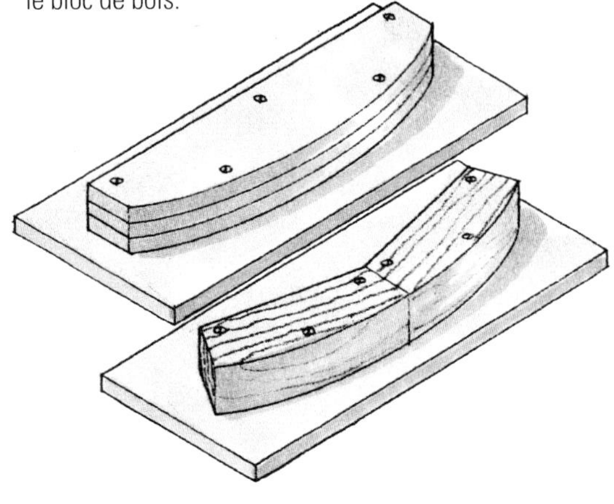

Moule en panneau de particules (en haut) et moule en bois massif (en bas)

Les moules
Les lamelles enduites de colle sont pressées sur un moule "mâle"ou entre un moule et un contre-moule.

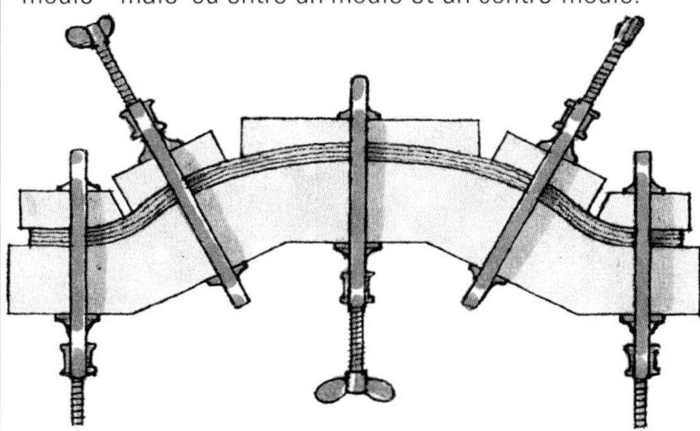

Fabrication d'un moule mâle
Recopiez la forme et reportez-la sur une pièce de bois massif ou un panneau de particules, puis découpez à la scie à ruban. La face de cintrage doit être plus longue que les lamelles. Reproduisez cette courbe sur la face arrière du moule, pour que les serre-joints soient perpendiculaires aux deux faces du moule.

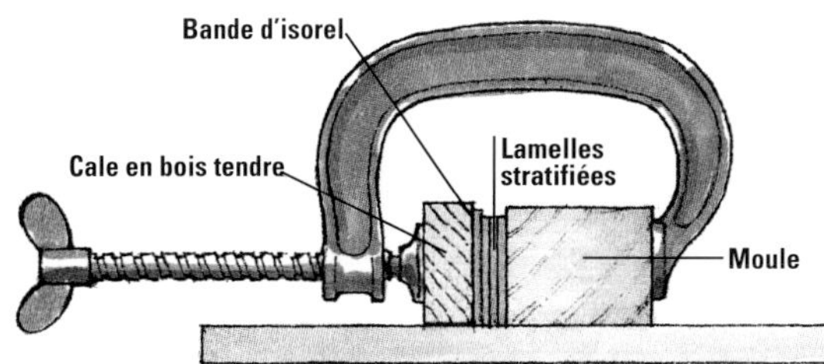

Protection du stratifié
Protégez la lamelle supérieure avec une bande d'isorel et placez des cales de bois tendre sous les mâchoires du serre-joints.

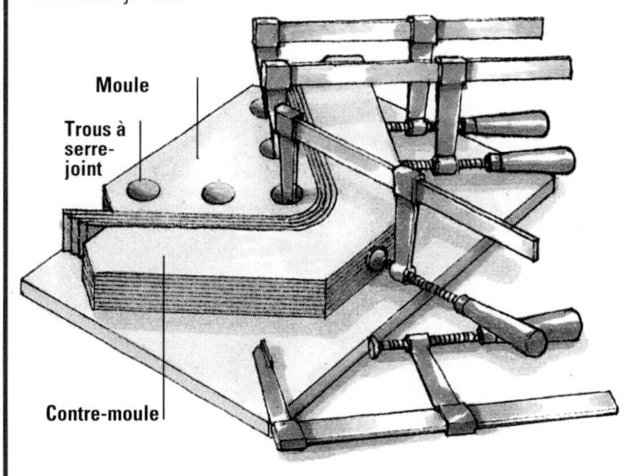

Moule et contre-moule
L'association d'un moule et d'un contre-moule permet de répartir uniformément la pression sur l'ensemble de l'ouvrage. Le moule "mâle" est percé sur sa face supérieure de plusieurs trous destinés à recevoir les serre-joints. Moule et contre-moule peuvent être

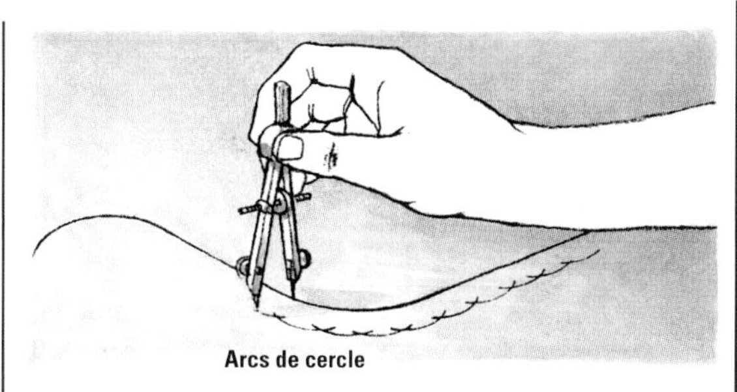

réalisés en bois massif ou découpés dans plusieurs épaisseurs de panneaux manufacturés.

Traçage de la courbure
Pour que les deux faces d'un moule en deux parties s'imbriquent parfaitement, il faut tracer deux traits paralèlles correspondant à l'épaisseur de la pièce à cintrer. Serrez tout d'abord dans une presse les lamelles de bois ou les feuilles de placage à coller et mesurez leur épaisseur. Reportez cette mesure tout du long du premier trait de scie en dessinant au compas des arcs de cercles à intervalles réguliers. Le contour du contre-moule à découper correspond exactement à l'enveloppe des arcs de cercles.

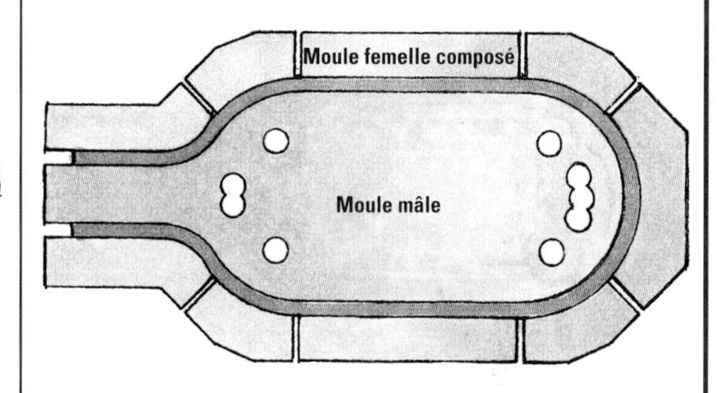

Moule femelle composé
Pour les ouvrages en stratifié, lorsque le moule mâle s'insère dans le moule femelle, celui-ci doit être réalisé en plusieurs parties de façon à simplifier les opérations de montage et de démoulage.

Le collage
La colle urée-formol, moins liquide que les colles PVA, sèche plus lentement, ce qui laisse le temps de mettre les lamelles en place. Enduisez les faces en reconstituant l'empilement des lamelles. Présentez l'ensemble sur un moule simple ou en deux parties et serrez le tout à l'aide de presses, du centre de la pièce vers les côtés. Assurez une pression uniforme afin d'expulser l'excès de colle et les éventuelles bulles d'air. Utilisez des bandes de ruban auto-adhésif pour solidariser les pièces de stratifié épaisses, avant de les placer dans un moule en deux parties.

UN MATÉRIAU FONCTIONNEL ET ESTHÉTIQUE

Le bois semble n'avoir comme seule limite que l'imagination de ses artisans… Il fait désormais tellement partie de notre décor quotidien que nous ne savons pas toujours l'apprécier à sa juste valeur. Pourtant, face à l'extraordinaire variété d'essences disponibles et à la diversité de leurs propriétés, l'ébéniste n'a que l'embarras du choix. De plus, la gamme des outils à bois est si riche qu'il a toute latitude pour travailler et façonner cette matière première unique.

Depuis l'invention des premiers outils à tranchant, l'homme a déployé toute son ingéniosité pour modeler le bois. En témoignent les arts décoratifs et appliqués qui, dans le monde entier, ont donné à ce matériau ses lettres de noblesse. Si la menuiserie et l'ébénisterie ont largement bénéficié des techniques de pointe, de la mécanisation, de l'automatisation et de l'apparition de matériaux synthétiques, les amateurs recherchent plus que jamais un matériau authentique, portant la marque de l'artisan…

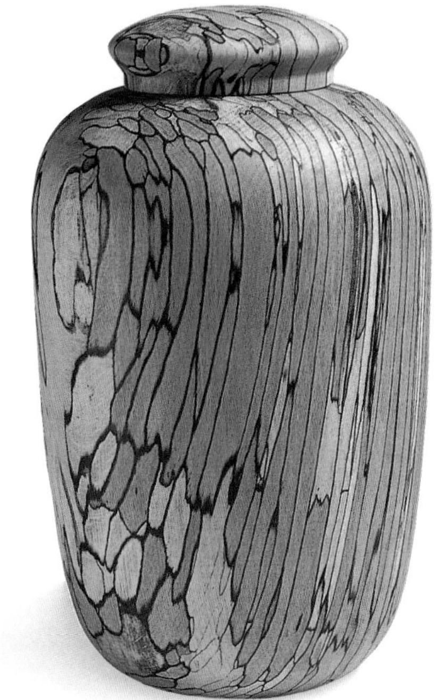

Pot à couvercle
Inspiré de la tradition Art Déco, cette magnifique pièce a été tournée dans un bois des plus originaux : une attaque fongique l'a bariolé de teintes différentes, nettement délimitées par des contours noirs, correspondant en fait à une altération physiologique des cernes. Très rare, ce bois est des plus recherchés.

Carcasse de navire
Le chêne a longtemps été l'essence par excellence des ouvrages de charpente et de construction navale. D'imposantes pièces de chêne cintrées ont été assemblées à une quille lors de la construction d'une réplique du *Matthew*, le navire de John Cabbot, qui traversa l'Atlantique en 1497.

Chaise Windsor
Reconnaissable à ses pieds fuselés, son accotoir cintré à la vapeur et son assise massive en forme de selle, la chaise Windsor est un petit chef-d'œuvre d'ébénisterie. Réalisée à partir d'essences indigènes – frêne, orme, if, chêne, hêtre, bouleau, érable ou peuplier –, elle décline toute une palette de variantes régionales.

"Table phoque"
L'artiste a su ici exploiter la couleur, la texture et la forme naturelles de ce morceau de bille d'érable sycomore pour donner forme à ce superbe phoque qui, sous son plateau de verre, semble émerger de l'onde.

Saladier en loupe
Matériau de prédilection des tourneurs, la loupe autorise toutes les fantaisies. Cet extraordinaire saladier, qui s'apparente davantage à une œuvre d'art qu'à un objet utilitaire, met en valeur les contours tourmentés de la loupe d'orme, soulignés par un brûlage à la flamme lors du tournage. Les fines cannelures et les arrondis lisses du creuset exaltent le contraste de texture.

Boîte Shaker
Cette boîte ovale est caractéristique de l'artisanat traditionnel des communautés Shakers d'Amérique du Nord. De fines lamelles de merisier chauffées à la vapeur sont cintrées sur un moule et refermées par des languettes fixées par de petits rivets de cuivre. Des pièces ovales en bois massif sont ensuite clouées pour former le fond et le couvercle.

LES ENNEMIS DU BOIS

Si l'arbre tire son énergie et ses substances vitales de l'eau, de la lumière et des interactions entre les agents biologiques qui maintiennent l'équilibre de l'écosystème forestier, le bois débité, traité et travaillé est en revanche très vulnérable à ces éléments.

Lumière

Exposé à une trop forte lumière, le bois change progressivement de couleur. Certaines essences foncées peuvent s'éclaircir, tandis que les bois clairs, même habillés d'un vernis transparent, s'assombrissent inéluctablement. Il ne s'agit pas là à proprement parler d'une détérioration. Fort au contraire, le passage des jours imprime aux meubles anciens une patine qui leur confère une valeur inestimable. Si toutefois les essences non durables ne sont pas protégées d'une finition, des fissures risquent d'apparaître en surface et bientôt, la pièce entière se détériorera. Les bois d'extérieur non traités virent quant à eux au gris.

Champignons

Les champignons sont des végétaux cryptogames cellulaires qui puisent leurs substances vitales d'autres plantes ou matières végétales vivantes, comme le bois. Les parasites se développent sur des êtres vivants, alors que les saprophytes s'en prennent aux matières organiques du bois mort.

Leurs spores se développent sur un support nutritif affichant un degré d'humidité minimal. Elles n'apparaîtront donc pas sur un bois séché dans un milieu à moins de 20 % d'humidité, à très basse ou très haute température, ni sur du bois saturé. Pour prévenir l'infection, il est possible de modifier ou d'éliminer les facteurs favorables à leur développement, mais elles peuvent rester à l'état végétatif.

Sur un bois humide, les spores germent et produisent à de petits filaments ramifiés qui se multiplient pour former le mycélium, couche qui recouvre la surface du bois ou s'infiltre pour puiser leurs éléments nutritifs.

Attaques fongiques

La pourriture bleue, ou bleuissement, s'attaque surtout à l'aubier des résineux sans nuire à la solidité du bois. Elle provoque des décolorations bleu-vert ou noir bleuâtre. Un séchage à l'air ou un traitement fongicide suffisent à la juguler.

Bien plus redoutables, les champignons qui détruisent les cellules du bois désagrègent irréversiblement la matière. La plus dangereuse de ces moisissures est la mérule pleureuse (*Gyrophana lacrymans*). Avec une nette prédilection pour les résineux, elle ne s'attaque qu'aux bois d'œuvre intérieurs et extérieurs présentant une certaine humidité. Capable de conduire l'eau et de produire de l'humidité, la mérule pleureuse se propage sur de grandes surfaces et pourrit le bois qui, à terme, se désintègre en poudre. Les champignons des caves, affectionnant les bois humides stockés à l'abri de la lumière, œuvrent moins rapidement que la mérule. Seul remède : retirer et brûler les parties infectées, soumettre le reste de la pièce à un vigoureux traitement antifongique et la protéger de l'humidité. Dans bien des cas, c'est malheureusement la pièce entière qui est condamnée.

D'autres champignons, moins virulents, colonisent les bois clairs tels que l'érable et le hêtre, et bariolent la matière de décolorations par plaques. Les bois atteints sont en fait très prisés des ébénistes d'art et des tourneurs. La fistuline, ou langue-de-bœuf, champignon comestible poussant essentiellement sur l'écorce du chêne, confère au bois une superbe teinte brun rouge. A terme, ces attaques fongiques font également des dégâts, mais si leur propagation est arrêtée à temps, le bois ne perd rien de son intégrité et l'artisan saura tirer parti de ces défauts… qui n'en sont pas !

Attaques d'insectes

Aucun bois, qu'il soit vivant ou mis en œuvre, n'est à l'abri des méfaits des insectes, dont les larves creusent des galeries qui peuvent compromettre la solidité du bois. Les plus courants et les plus dangereux sont les vrillettes, ou "vers du bois", également appelées "horloges de la mort", car leurs larves goulues produisent un bruit qui rappelle le tic-tac d'une horloge. Elles laissent en surface des trous de ver, si prisés des amoureux d'antiquités, qu'on les imite volontiers dans les imitations d'ancien. La multiplication des larves doit néanmoins être arrêtée par traitement chimique avant que le bois ne soit trop affaibli. Traquez leur présence en choisissant votre bois, surtout si vous envisagez d'y trancher des feuilles de placage.

Les termites et les capricornes des maisons n'épargnent ni les arbres ni les bois d'œuvre. Très difficiles à détecter, les termites nichent dans le sol et sont particulièrement friands des bois humides. Ils ne rongent que les couches de bois de printemps, de sorte que seuls restent les cylindres de bois d'été. Moins ravageuses, les larves des capricornes des maisons vivent dans les bois de résineux sans s'en nourrir, mais affaiblissent sérieusement la structure. Leur présence se manifeste par des taches noirâtres diffuses. En début d'infection, un traitement pesticide peut suffire à sauver le bois, mais par précaution, mieux vaut faire appel aux services d'un spécialiste. Si le mal est fait, les bois touchés devront être remplacés et brûlés.

CHAPITRE 2

TOUR DU MONDE DES ESSENCES

Un œil exercé reconnaît souvent une essence à son fil, sa couleur et son grain; certaines dégagent même une odeur tout à fait caractéristique. Pourtant, la diversité des espèces est telle que certains bois rares demeurent extrêmement difficiles à identifier. Pour mieux connaître votre matériau, ce répertoire illustré recense les principales essences indigènes et exotiques disponibles dans le commerce.

NOMENCLATURE

Les espèces sont présentées par ordre alphabétique du nom botanique, noté sous chacune en italique sous le nom commercial le plus usité. Le cas échéant, nous indiquons également leurs appellations locales et les diverses dénominations admises.

RÉPARTITION GÉOGRAPHIQUE

Pluviosité, température, humidité, ensoleillement, vents… Autant de données climatiques qui déterminent la répartition des grandes formations forestières sur l'ensemble de la planète. La croissance, voire la survie d'un arbre tient en premier lieu à la température, dont les variations en latitude définissent les zones de peuplement. Sous une même latitude, les variations en altitude jouent également un rôle primordial dans l'étagement des types forestiers. Chaque essence établit ainsi son "aire" sous les climats qui lui sont les plus favorables, ce qui explique qu'une même espèce puisse s'acclimater aussi bien dans les plaines des régions septentrionales que sur les hauteurs des régions méridionales. A l'échelle locale, outre la nature des sols et des microclimats, la répartition est également dictée par l'intervention de l'homme : programmes de reforestation, entretien des forêts, développement du tissu urbain et industriel… Les cartes présentées en tête de chaque section (pages 43 et 55) indiquent les principales origines des bois de résineux et de feuillus du monde.

Grandes régions productrices de bois

L'hémisphère nord est le premier producteur mondial de bois résineux commerciaux. Parmi les feuillus, les arbres à feuilles larges caduques proviennent essentiellement des zones tempérées de l'hémisphère nord, tandis que les espèces à feuillage persistant sont plutôt originaires des tropiques et de l'hémisphère sud.

Résineux

La plupart des conifères présentent une forme "arbre", caractérisée par un tronc rectiligne, haut et effilé, dit "excurrent", portant de petites branches latérales.

Forme arbre (Pin à bois lourd)

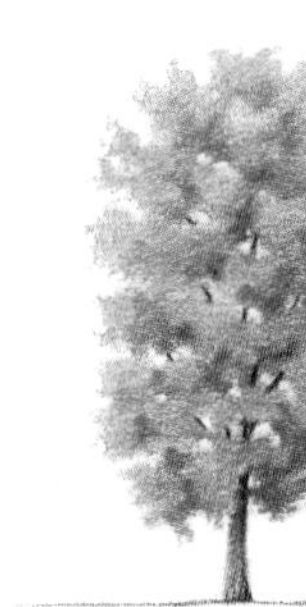

Feuillus

Les feuillus se distinguent généralement par leur forme "buissonnante" : le tronc "déliquescent" se divise en grosses branches portant des rameaux.

Forme buissonnante (Tulipier de Virginie)

Sciage d'un chêne
Fidèles à la tradition, ces deux bûcherons ont choisi la scie de long pour débiter une bille de chêne de plus de 17 m. La poutre façonnée à l'ancienne servira à fabriquer la quille d'une réplique de la *Santa Maria*, l'une des trois caravelles de Christophe Colomb.

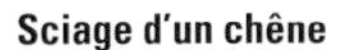

TOUR DU MONDE DES RÉSINEUX

Les bois de résineux proviennent des conifères qui appartiennent à la famille des gymnospermes et présentent des graines apparentes. On parle également parfois de bois "tendres", mais cette appellation porte à confusion et ne préjuge en rien de leurs propriétés physiques.
Débités en planches, les résineux se reconnaissent à leur couleur relativement claire, dans des tonalités allant du jaune pâle au rouge brun. Le contraste marqué de teinte et de texture entre le bois de printemps et le bois d'été est également très caractéristique (voir page 13).

Conifères
Presque tous les résineux présentent une silhouette haute et effilée, un feuillage persistant et des feuilles étroites en forme d'aiguilles.

Régions productrices
La plupart des résineux commercialisables proviennent de l'hémisphère nord. Leur aire s'étend des régions arctiques et subarctiques d'Europe et d'Amérique du Nord jusqu'au sud-est des États-Unis.

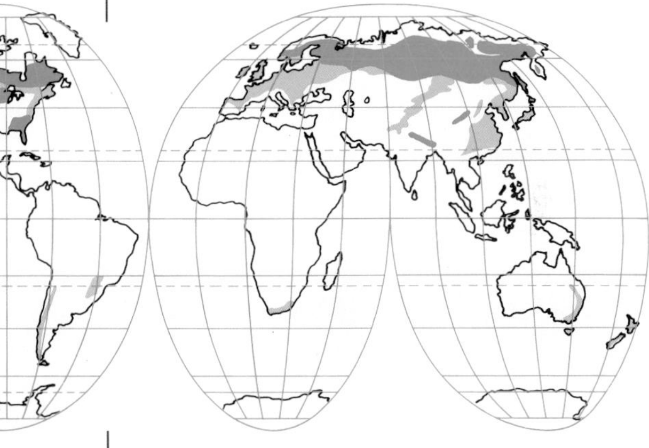

Répartition des bois résineux
● Forêts de conifères
● Forêt mixte de conifères et d'arbres à feuilles larges caduques

Résineux de sylviculture
Les techniques modernes de greffage, de croisements et de contrôle de la pollinisation ont donné naissance à des espèces résineuses à croissance rapide. Leur bois, bien moins cher que les bois de feuillus, est essentiellement destiné à la charpenterie et à la menuiserie générale ainsi qu'à la trituration (pâte à papier et fabrication de panneaux dérivés du bois).

Choisir un bois de résineux
Les scieries proposent des billes de bois indigènes débitées en plots. Le "brut de sciage" n'est pas dégrossi et ses chants ne sont ni écorcés ni équarris. Les bois exotiques arrivent en revanche de leur région de production en avivés. Les débits de résineux peuvent être corroyés sur une face, sur deux faces, ou pas du tout. Selon les cas, les dimensions nominales annoncées par le fournisseur ne correspondent pas aux dimensions utiles, car après rabotage, chaque face aura perdu près de 3 mm de matière.

SAPIN ARGENTÉ

Abies alba

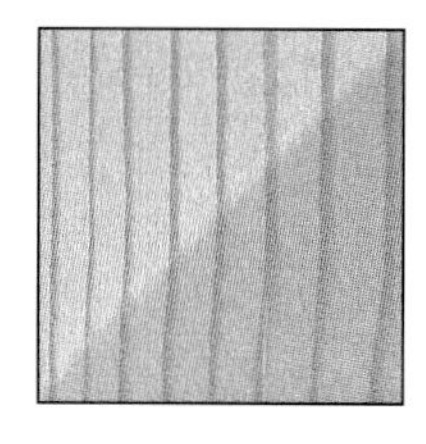

Autres noms : Sapin pectiné, sapin des Vosges, épinette blanche

Provenance : Europe centrale et méridionale

Arbre : Fût droit et mince. Hauteur/diamètre maximum : 40 m/1 m. Perd ses branches inférieures en cours de croissance.

Bois : Fil droit, grain serré. Couleur crème, presque incolore. Aspect proche de l'épicéa commun (*Picea abies*). Parfois affaibli par la présence de nœuds sombres. Non durable. A traiter pour les usages extérieurs.

Applications courantes : Construction, menuiserie, contreplaqué, caisses, poteaux.

Façonnage : Se travaille bien à l'outillage manuel ou à la machine. Utiliser des tranchants bien affûtés pour un fini lisse. Collage aisé.

Finition : Prend bien la teinte, la peinture et le vernis.

Poids moyen sec : 480 kg/m³.

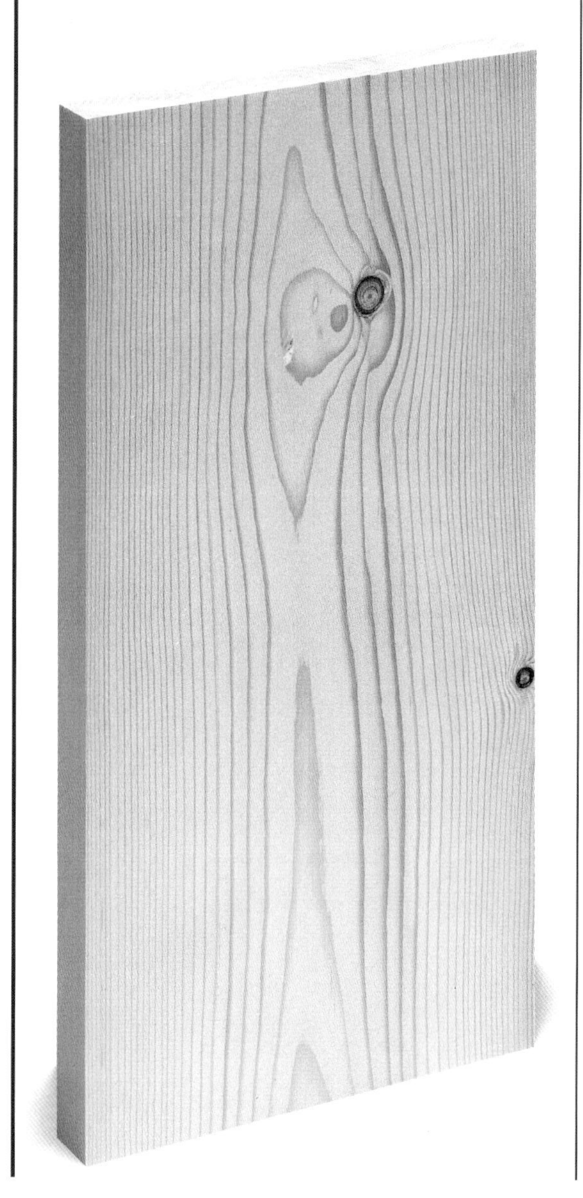

KAORI DU QUEENSLAND

Agathis spp

Autre nom : Kaori pine

Provenance : Australie

Arbre : Hauteur/diamètre maxi. : 45 m/1,5 m. Généralement plus petits, la surexploitation ayant décimé les plus grands spécimens.

Bois : Peu durable. Fil droit et fragile, grain fin et régulier. Éclat naturel. Couleur brune déclinant des tonalités du crème pâle au beige rosé.

Applications courantes : Menuiserie, mobilier.

Façonnage : Fini lisse et régulier, à l'outillage manuel comme à la machine. Collage aisé.

Finition : Prend bien la teinte et la peinture. Superbe lustré au vernissage.

Poids moyen sec : 480 kg/m³.

PIN DU PARANA

Araucaria angustifolia

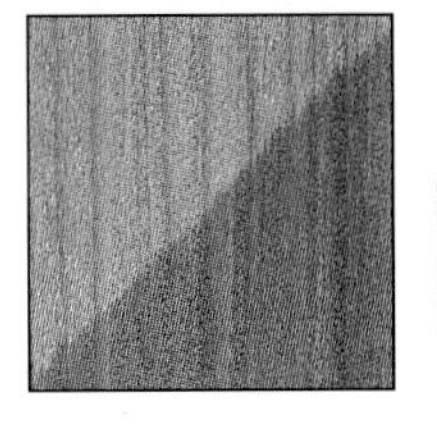

Autres noms : Sapin du Brésil, pin du Brésil, araucaria

Provenance : Brésil, Argentine, Paraguay

Arbre : Fût long et droit. Port à allure de candélabre. Hauteur/diamètre maxi. : 36 m/1 m.

Bois : Fil droit, grain régulier, aux cernes à peine visibles. Nœuds très rares. Centre brun sombre, parfois flammé de rouge vif. Duramen et aubier brun clair. Peu résistant. A traiter pour éviter le gauchissement des grandes planches.

Applications courantes : Menuiserie, mobilier, contreplaqué, tournage.

Façonnage : Facile à travailler, donne une surface régulière à l'outillage manuel ou à la machine. Collage aisé.

Finition : Prend bien la teinte et la peinture. Réagit bien au vernissage.

Poids moyen sec : 530 kg/m³.

PIN D'AUSTRALIE

Araucaria cunninghamii

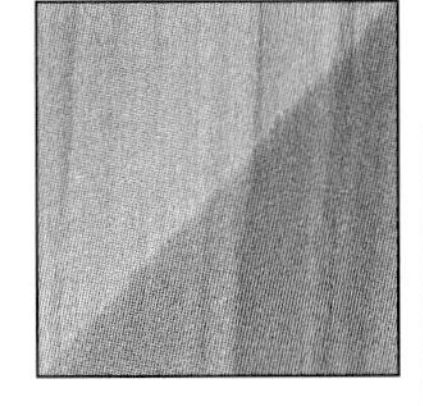

Autre nom : Hoop pine

Provenance : Australie, Papouasie Nouvelle-Guinée

Arbre : Port élancé et élégant. Longues branches étalées avec bouquets de rameaux à leur extrémité. Il ne s'agit pas à proprement parler d'un pin. Hauteur/ diamètre moyens : 30 m/1 m

Bois : Fil droit, grain serré. Duramen brun doré, aubier large brun clair. Très polyvalent mais fragile.

Applications courantes : Construction, menuiserie, mobilier, incrustations, tournage, contreplaqué.

Façonnage : Se travaille bien à l'outillage manuel ou à la machine, avec des tranchants bien affûtés pour éviter d'arracher les fibres à la périphérie des petits nœuds. Collage aisé.

Finition : Prend bien la teinte et la peinture. Très beau fini au vernis.

Poids moyen sec : 560 kg/m³.

CÈDRE DU LIBAN

Cedrus libani

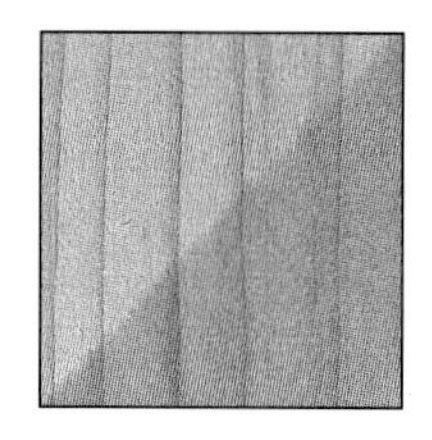

Autre nom : Cedar of Lebanon

Provenance : Moyen-Orient

Arbre : Grandes branches attachées très bas sur le fût et sommet tabulaire sur les sujets cultivés. Hauteur/diamètre maxi. : 40 m/1,5 m.

Bois : Parfumé, tendre et résistant, mais parfois un peu cassant. Fil droit très marqué par le contraste entre bois de printemps et bois d'été. Duramen brun léger, de texture moyenne.

Applications courantes : Construction et menuiserie, mobilier d'intérieur et de jardin.

Façonnage : Se travaille bien à l'outillage manuel ou à la machine. Nœuds parfois difficiles à travailler.

Finition : Prend bien la teinte et la peinture. Très beau fini verni.

Poids moyen sec : 560 kg/m³.

CYPRÈS DE NOOTKA

Chamaecyparis nootkatensis

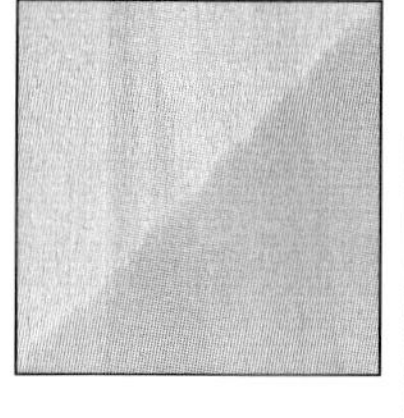

Autre nom : Faux cyprès du Nootka

Provenance : Côte ouest d'Amérique du Nord

Arbre : Forme conique. Port élégant. Hauteur/diamètre maxi. : 30 m/1 m.

Bois : Couleur jaune pâle. Fil droit, grain régulier. Durable. Bois sec léger, rigide, stable et robuste. Acquiert une belle patine ; peu susceptible de se dégrader.

Applications courantes : Mobilier, placage et menuiserie décorative (huisseries, parquet, panneaux et moulures d'ornement), construction navale, rames, pagaies.

Façonnage : Peut être découpé en fines feuilles. Collage aisé.

Finition : Prend bien la teinte et la peinture. Beau lustré.

Poids moyen sec : 500 kg/m³.

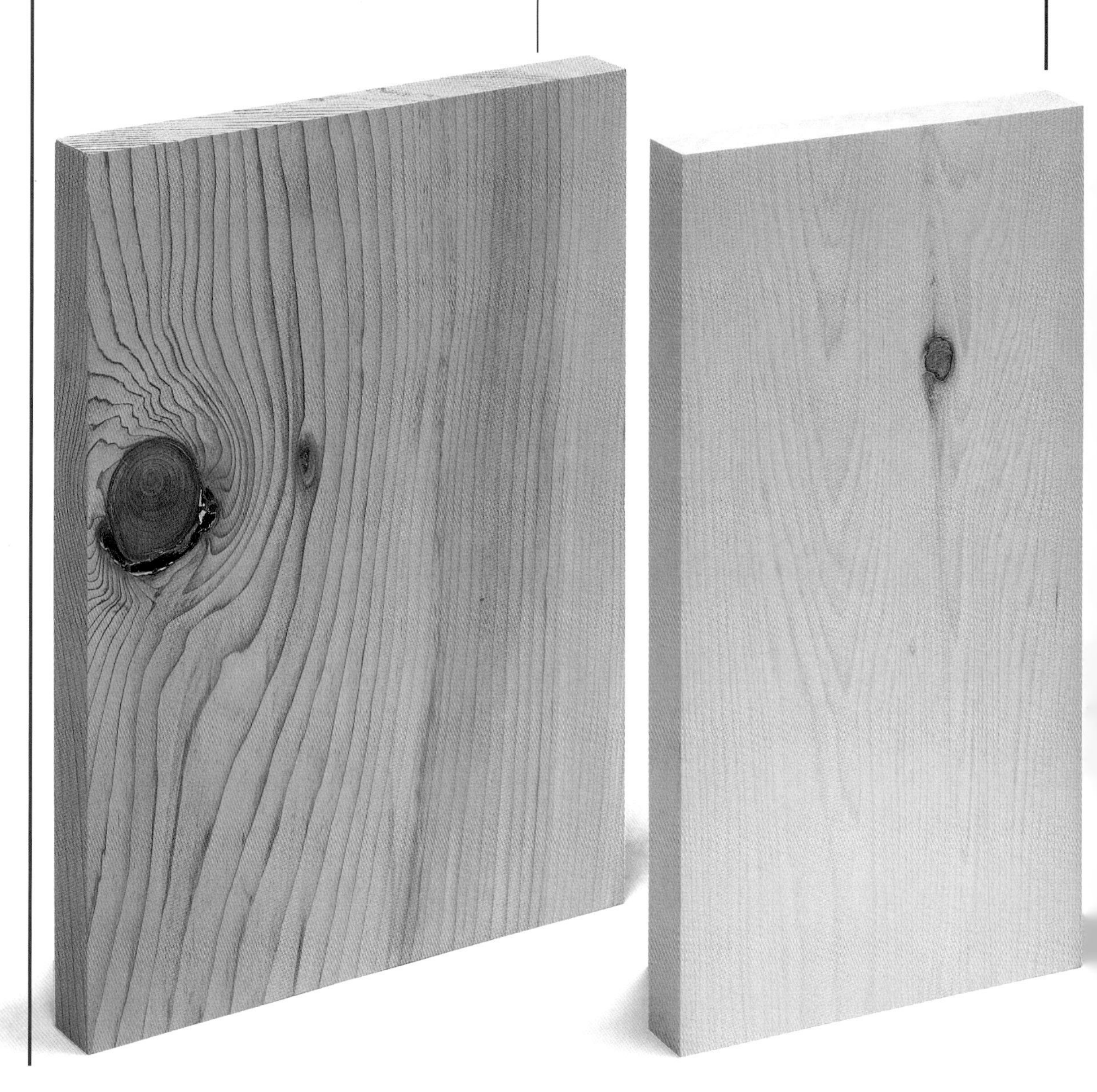

RIMU

Dacrydium cupressinum

Autre nom : Rimu de Nouvelle-Zélande

Provenance : Nouvelle Zélande

Arbre : Fût droit et élancé, sans branches latérales. Hauteur/diamètre maxi. : 36 m/1 m.

Bois : Fil droit, grain fin. Aubier jaune pâle, duramen brun-rouge. A la lumière, décoloration progressive des taches et striures brunes et jaunes du veinage à peine marqué.

Applications courantes : Mobilier intérieur, placage décoratif, tournage, lambris, contreplaqué.

Façonnage : Se travaille bien à l'outillage manuel ou à la machine. Offre une texture fine au rabotage. Fini lisse. Collage aisé.

Finition : Prend relativement bien la teinte et réagit bien à la peinture et au vernissage.

Poids moyen sec : 530 kg/m³.

MÉLÈZE D'EUROPE

Larix decidua

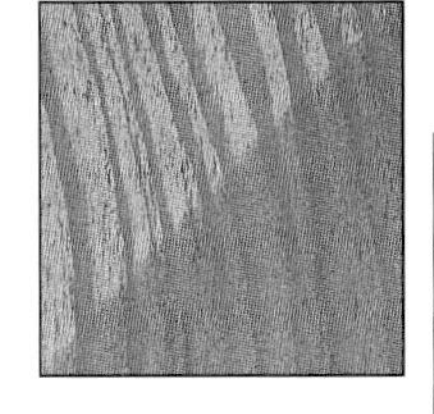

Autre nom : Mélèze commun

Provenance : Europe, régions montagneuses notamment

Arbre : Fût droit et cylindrique. Hauteur/diamètre maxi. : 45 m/1 m. Perd ses aiguilles en hiver.

Bois : Parmi les plus durs des résineux. Fil droit, grain serré. Aubier mince et clair. Duramen rouge-orangé. Résistance adaptée aux usages extérieurs. Les nœuds durs peuvent se relâcher après séchage et risquent d'émousser le tranchant des outils.

Applications courantes : Bordages, étais de mine, menuiserie (escaliers, parquet, huisseries), poteaux, clôtures.

Façonnage : Se travaille relativement bien à l'outillage manuel ou à la machine. Réagit bien au ponçage mais la fibre de bois d'été a tendance à se relever.

Finition : Réagit relativement bien à la peinture et au vernissage.

Poids moyen sec : 590 kg/m³.

ÉPICÉA COMMUN

Picea abies

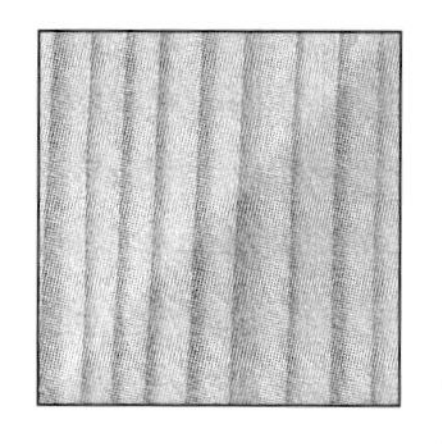

Autres noms : Sapin de Norvège, sapin blanc du Nord, épinette blanche

Provenance : Europe

Arbre : Hauteur maxi. : 60 m ; hauteur moyenne : 36 m. Peut atteindre 60 m dans des conditions de croissance idéales. Exploité essentiellement pour son bois. Les jeunes sujets sont abattus comme sapins de Noël.

Bois : Non durable. fil droit, grain régulier. Aspect satiné. Aubier presque blanc, duramen brun-jaune pâle. Présente la même résistance à la machine que le pin sylvestre (*Pinus sylvestris*), mais les cernes annuels sont moins marqués.

Applications courantes : Construction intérieure, parquet, caisses et contre-plaqué. Les bois à croissance lente sont utilisés pour les caisses de résonance de piano et les corps de guitare et de violon.

Façonnage : Se travaille bien à l'outillage manuel ou à la machine. Permet des coupes franches. Collage aisé.

Finition : Prend bien la teinte. Réagit relativement bien à la peinture et au vernissage.

Poids moyen sec : 450 kg/m^3.

ÉPICÉA DE SITKA

Picea sitchensis

Autres noms : Sapin de Sitka, épicéa de Menziès

Provenance : Canada, États-Unis, Grande-Bretagne

Arbre : Fût stabilisé par des racines palettes. Hauteur/diamètre maxi. : 87 m/5 m. Généralement plus petits pour les spécimens à croissance rapide, largement cultivés.

Bois : Non durable. Fil droit, grain régulier. Aubier blanc crème, duramen légèrement rosé. Convient au cintrage. Relativement léger et robuste, il présente une bonne élasticité.

Applications courantes : Construction, menuiserie d'intérieur, planeurs, construction navale, instruments de musique, contreplaqué.

Façonnage : Se travaille bien à l'outillage manuel ou à la machine. Utiliser des tranchants bien affûtés pour éviter de déchirer les fibres du bois de printemps. Collage aisé.

Finition : Prend bien la teinte. Réagit relativement bien à la peinture et au vernissage.

Poids moyen sec : 450 kg/m^3.

PIN DE LAMBERT

Pinus lambertiana

Autre nom : Pin géant

Provenance : États-Unis

Arbre : Hauteur/diamètre moyens. : 45 m/1 m.

Bois : Moyennement tendre. fil régulier, grain moyen. Non durable. Aubier blanc, duramen brun-clair à rougeâtre.

Applications courantes : Constructions légères, menuiserie.

Façonnage : Se travaille bien à l'outillage manuel ou à la machine. Utiliser des tranchants bien affûtés pour éviter de déchirer ce bois tendre. Collage aisé.

Finition : Fini satisfaisant après mise en teinte, peinture, vernissage ou encaustiquage.

Poids moyen sec : 420 kg/m^3.

PIN ARGENTÉ AMÉRICAIN

Pinus monticola

Autre nom : Pin blanc de l'Ouest

Provenance : États-Unis, Canada

Arbre : Fût rectiligne. Hauteur/diamètre maxi. : 37 m/1 m.

Bois : Fil droit, grain régulier. Non durable. Bois de printemps et bois d'été indistincts, de couleur jeune pâle à brun rougeâtre. Canaux sécréteurs visibles. Très ressemblant au pin Weymouth (*Pinus strobus*), mais plus dur et plus sensible au retrait.

Applications courantes : Construction, menuiserie (huisseries et plinthes moulurées), construction navale, mobilier à encastrer, incrustations, contreplaqué.

Façonnage : Se travaille bien à l'outillage manuel ou à la machine. Collage aisé.

Finition : Réagit bien à la peinture et au vernissage. Beau lustré.

Poids moyen sec : 450 kg/m^3.

PIN À BOIS LOURD

Pinus ponderosa

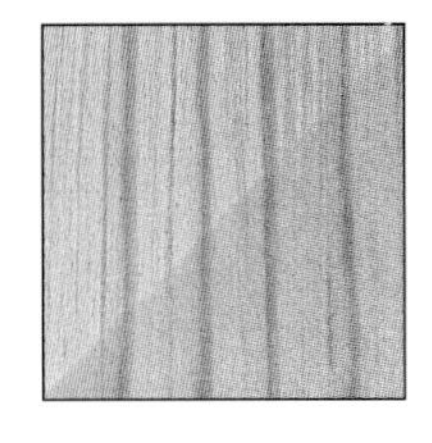

Autre nom : Pin de Bentram

Provenance : États-Unis, Canada

Arbre : Fût rectiligne. Ramure aérée et conique. Hauteur/diamètre maxi. : 70 m/0,75 m.

Bois : Non durable. Présence de nœuds possible. Canaux sécréteurs visibles, dessinant de fines mouchetures sombres à la surface des planches. Aubier large et tendre, non résineux, à grain régulier et de coloration jaune pâle ; duramen plus lourd, résineux, jaune foncé à brun rouge.

Applications courantes : Aubier : maquettes, portes, mobilier, tournage ; duramen : menuiserie, construction.

Façonnage : Se travaille bien à l'outillage manuel ou à la machine, tant pour l'aubier que le duramen. Les nœuds peuvent poser problème au rabotage. Collage aisé.

Finition : Réagit relativement bien à la peinture et au vernissage. Boucher préalablement la surface des planches résineuses.

Poids moyen sec : 480 kg/m^3.

PIN WEYMOUTH

Pinus strobus

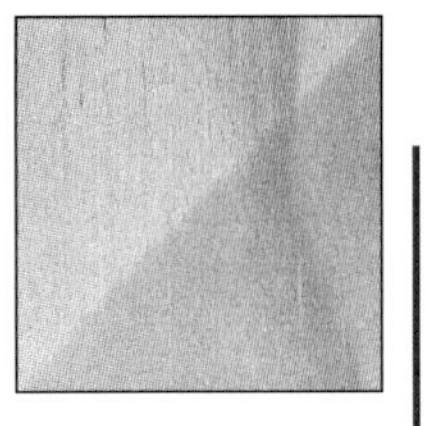

Autres noms : Pin baliveau, pin du Lord

Provenance : États-Unis, Canada

Arbre : Hauteur/diamètre maxi. : 30 m/1 m

Bois : Tendre, fragile et peu durable. Bonne stabilité. Fil droit, grain serré. Texture marquée par de fins canaux sécréteurs et des cernes annuels très discrets. Couleur allant du jaune pâle au brun clair.

Applications courantes : Menuiserie fine, constructions légères, mobilier, pièces d'œuvre, maquettes, sculpture.

Façonnage : Se travaille bien à l'outillage manuel ou à la machine avec des tranchants bien affûtés. Collage aisé.

Finition : Admet teintes, peintures et vernis. Beau lustré.

Poids moyen sec : 420 kg/m^3.

PIN SYLVESTRE

Pinus sylvestris

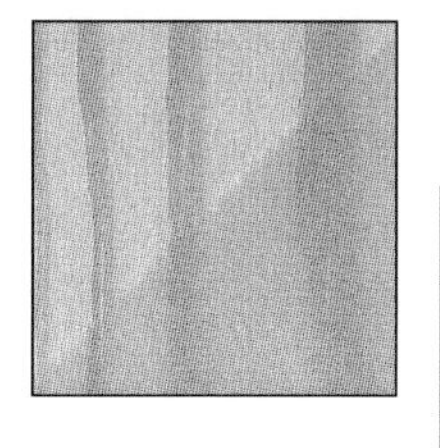

Autres noms : Pin commun, pin du Nord, pin d'Écosse, pin de Riga, sapin rouge du Nord, pinasse

Provenance : Europe, Asie septentrionale

Arbre : Hauteur/diamètre maxi. : 30 m/1 m. La ramure conique des jeunes sujets s'aplatit au sommet à l'âge adulte.

Bois : Robuste et stable. Forte teneur en résine. Durable moyennant un traitement préalable. Aubier jaune très clair, duramen brun-jaune à brun rougeâtre. Veinage très apparent, marqué par le contraste entre le bois de printemps clair et le bois d'été rougeâtre. Le bois clair se patine bien.

Applications courantes : Construction, menuiserie intérieure, tournage, contreplaqué ; mobilier (bois exempts de nœuds exclusivement).

Façonnage : Se travaille bien à l'outillage manuel ou à la machine, mais se méfier des nœuds et des remontées de résine. Collage aisé.

Finition : Prend relativement bien la teinte, mais les parties résineuses et le bois d'été risquent de mal y réagir. Admet peintures et vernis. Très beau lustré.

Poids moyen sec : 510 kg/m^3.

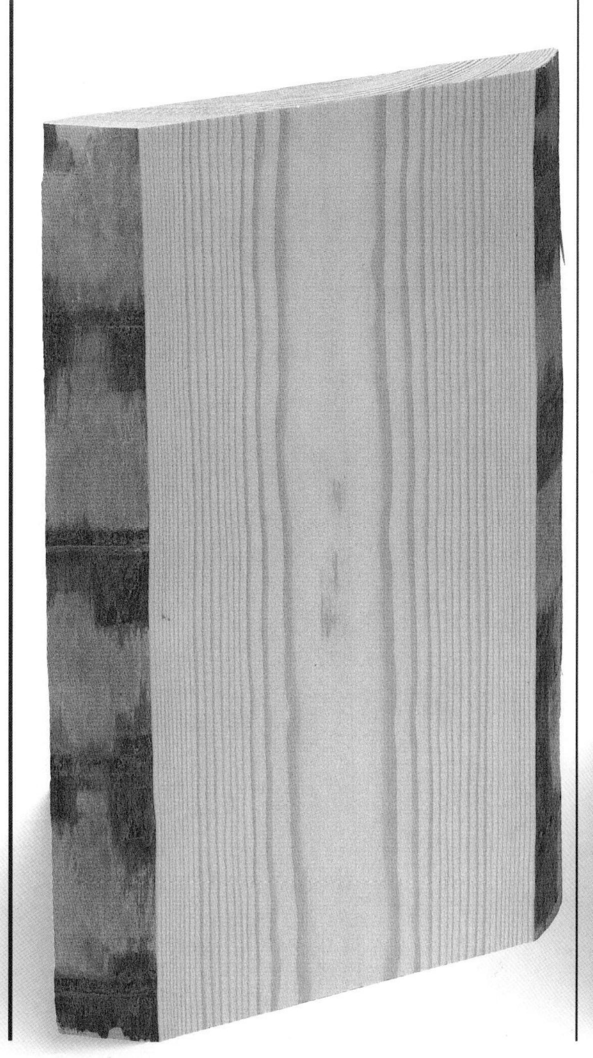

PIN D'OREGON

Pseudotsuga menziesii

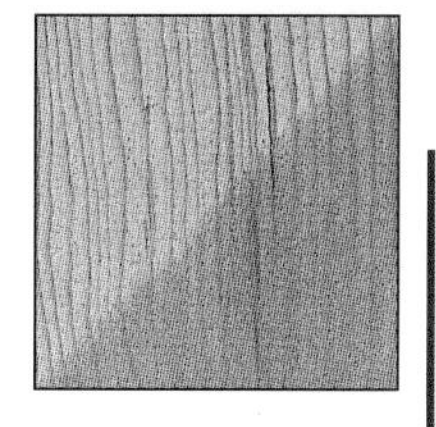

Autres noms : Douglas vert, sapin de Douglas

Provenance : Canada, Ouest des États-Unis, Grande-Bretagne

Arbre : Fût dénué de branches sur une grande hauteur. Hauteur : 60 m à 90 m. Diamètre maxi : 2 m (pour les espèces de sylviculture).

Bois : Fil droit. Couleur brun rougeâtre. Modérément durable. Bois d'été et bois de printemps nettement différenciés. Produit de grandes planches sans nœuds.

Applications courantes : Menuiserie, contreplaqué, construction.

Façonnage : Se travaille bien à l'outillage manuel ou à la machine, avec des tranchants bien affûtés. Collage satisfaisant. Susceptible d'un fini lisse, mais le ponçage a tendance à relever la fibre.

Finition : Le bois d'été peut mal réagir à la teinte, alors que le bois de printemps la prend relativement bien. Tous deux admettent volontiers peintures et vernis.

Poids moyen sec : 510 kg/m^3.

SÉQUOIA

Sequoia sempervirens

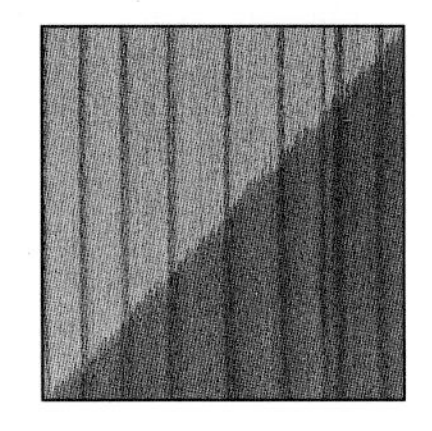

Autres noms : Pin rouge d'Amérique, redwood

Provenance : États-Unis

Arbre : Port dressé imposant. Fût stabilisé par des racines palettes et portant des branches courtes et retombantes. L'écorce fissurée de rouge peut dépasser 30 cm d'épaisseur. Hauteur/diamètre maxi. : 100 m/4,5 m.

Bois : Relativement tendre, au fil droit, de couleur brun-rouge, durable, indiqué pour les applications extérieures. La texture peut être fine et régulière ou très grossière. Bois d'été et de printemps nettement différenciés.

Applications courantes : Revêtements extérieurs et bardeaux, menuiserie intérieure, cercueils, poteaux.

Façonnage : Se travaille bien à l'outillage manuel ou à la machine, à condition que les tranchants soient bien affûtés pour éviter les fentes parallèles à la coupe. Collage aisé.

Finition : Réagit bien au ponçage et à la peinture. Beau fini lustré.

Poids moyen sec : 420 kg/m^3

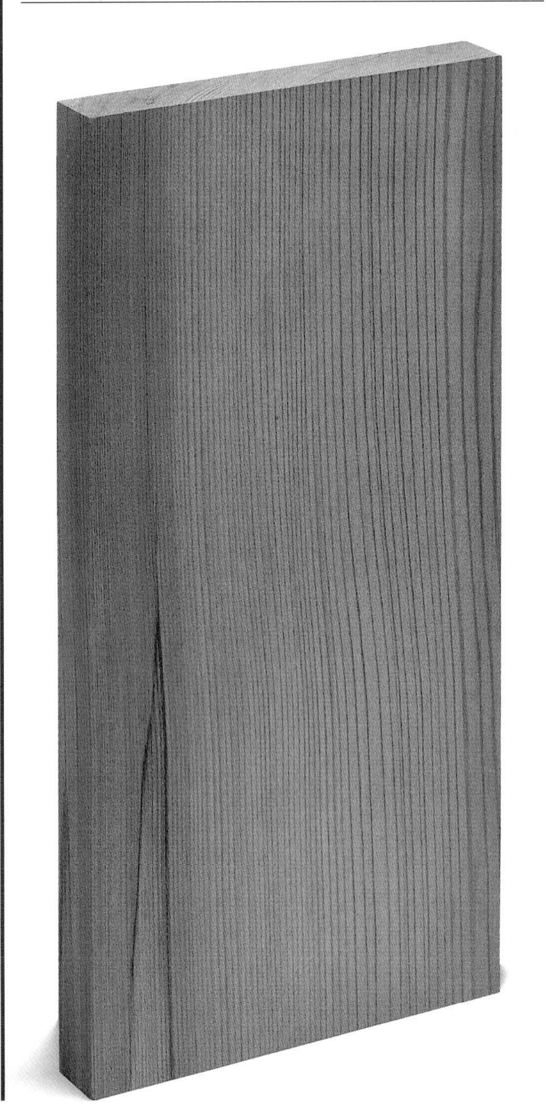

IF

Taxus baccata

Autre nom : If commun

Provenance : Europe, Asie mineure, Afrique du Nord, Myanmar, Himalaya

Arbre : Tronc court de forme irrégulière, présentant des striures très marquées au niveau des branches basses. Ramure dense à feuillage persistant. Hauteur moyenne/diamètre maxi. : 15 m/6,1 m. Bat tous les records de longévité en Europe (en Autriche, un spécimen a plus de 3 500 ans).

Bois : Dur, robuste et durable. Cernes de croissances très décoratifs. Aubier clair à duramen distinct rouge-orangé. Contraste apparent sur des sciages aux bords irréguliers, marqués par endroits de trous, petits nœuds et traces d'écorce incarnée. Convient bien au cintrage à la vapeur.

Applications courantes : Mobilier, sculpture, menuiserie intérieure, placage. Essence de prédilection pour le tournage.

Façonnage : Sur les bois à fil droit, le travail manuel ou à la machine assure un fini lisse. Les bois à fil irrégulier risquent de se déchirer et sont difficiles à travailler. Collage délicat en raison de sa nature huileuse.

Finition : Prend relativement bien la teinte. Très beau lustré.

Poids moyen sec : 670 kg/m^3.

THUYA GÉANT

Thuja plicata

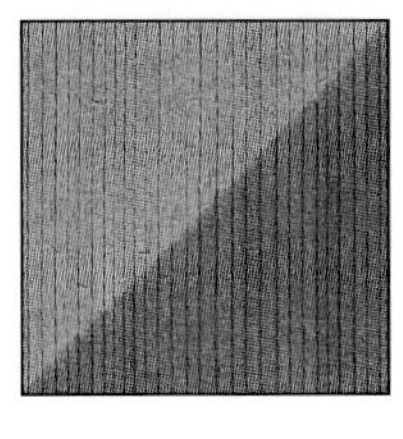

Autres noms : Cèdre rouge, cèdre de Virginie

Provenance : États-Unis, Canada, Grande-Bretagne, Nouvelle-Zélande

Arbre : Silhouette conique. Feuillage très fourni. Hauteur/diamètre maxi. : 75 m/2,5 m.

Bois : Parfumé. Relativement tendre et friable, mais durable. Fil droit, grain grossier. Couleur brun-rouge sensible aux intempéries, susceptible de virer au gris-argenté.

Applications courantes : Menuiserie, bardeaux, planchéiage extérieur, construction et mobilier, revêtement et pontage, lambris.

Façonnage : Se travaille bien à l'outillage manuel ou à la machine. Collage aisé.

Finition : Réagit très bien à la peinture et au vernissage. Beau fini.

Poids moyen sec : 370 kg/m³.

TSUGA DE CALIFORNIE

Tsuga heterophylla

Autre nom : Pruche de l'Ouest

Provenance : États-Unis, Canada, Grande-Bretagne

Arbre : Fût droit et haut. Cîme retombante caractéristique. Hauteur/diamètre maxi. : 60 m/2 m. Produit des planches de grandes dimensions.

Bois : Fil droit, grain régulier. Peu durable. Traitement obligatoire pour un usage extérieur. Couleur brun pâle, avec cernes relativement prononcés. Aspect satiné. Absence de nœuds. Non résineux.

Applications courantes : Menuiserie, contreplaqué, construction (remplace très bien le pin d'Oregon).

Façonnage : Se travaille bien à l'outillage manuel ou à la machine. Collage aisé.

Finition : Réagit bien à la mise en teinte, l'encaustiquage, la peinture et le vernissage.

Poids moyen sec : 500 kg/m³.

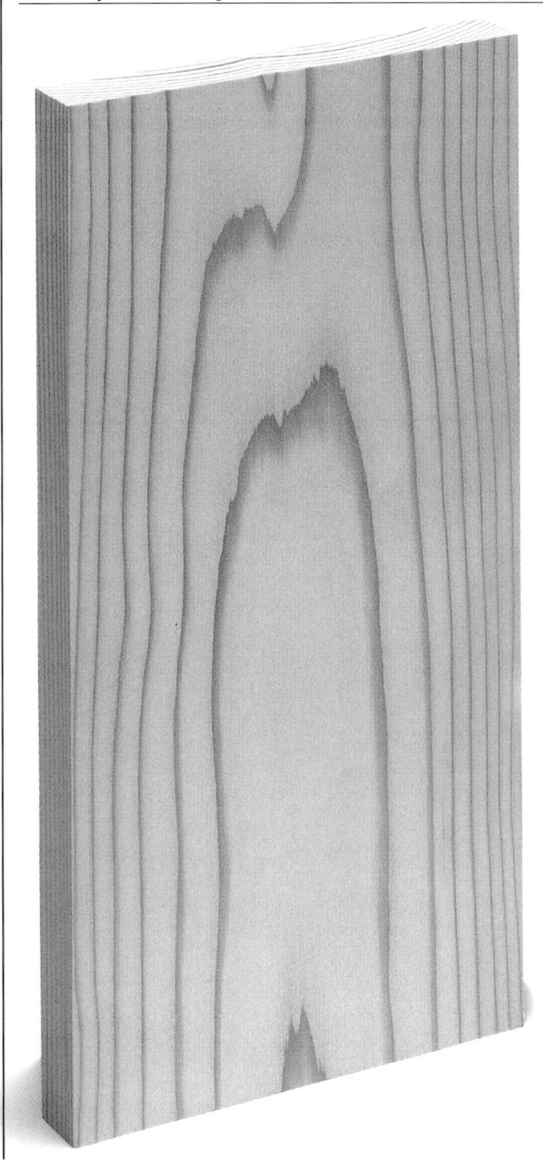

TOUR DU MONDE DES FEUILLUS

Les feuillus appartiennent à la famille botanique des angiospermes, caractérisée par des feuilles larges et des fruits clos à graines. Ces essences offrent généralement des bois plus durs que les résineux, la seule exception à la règle étant le balsa qui, bien que classé parmi les feuillus, est le bois le plus tendre qui soit.
Parmi les milliers d'espèces feuillues peuplant la planète, seules quelques centaines sont exploitées pour leur bois.

Régions productrices

L'aire des différentes espèces est en premier lieu déterminée par les facteurs climatiques. Les arbres à feuilles caduques poussent essentiellement dans les zones tempérées de l'hémisphère nord, alors que les arbres à feuilles persistantes proviennent surtout de l'hémisphère sud et des régions tropicales.

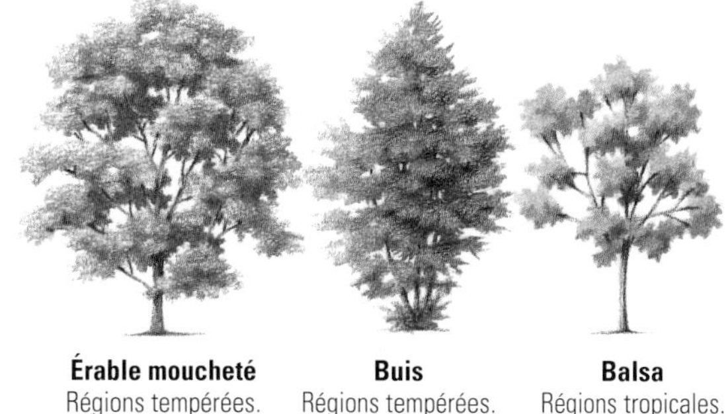

Érable moucheté Régions tempérées. Caduc.

Buis Régions tempérées. Persistant.

Balsa Régions tropicales. Caduc.

Arbres à feuilles larges

La plupart des arbres à feuilles larges originaires des régions tropicales ont un feuillage persistant. Les feuillus des régions tempérées perdent en revanche leurs feuilles en hiver, mis à part quelques-uns qui sont devenus persistants.

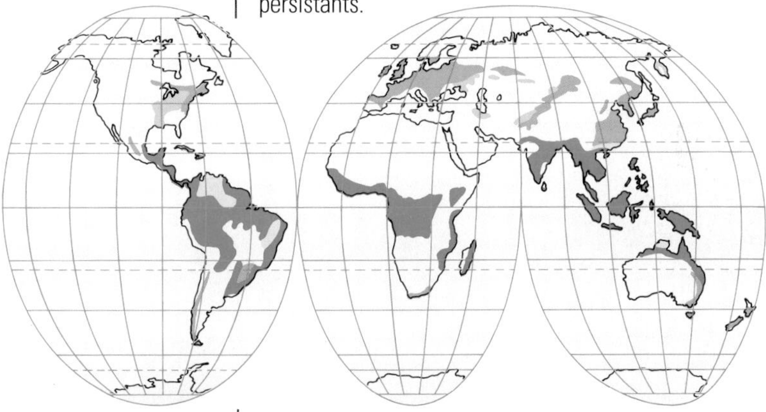

Répartition des bois de feuillus
- **Forêts de feuillus à feuillage persistant**
- **Forêts de feuillus à feuillage caduc**
- **Forêts mixtes (feuillus à feuillage persistant et caduc)**
- **Forêts mixtes (feuillus à feuillage caduc et conifères)**

Régénération des forêts de feuillus

Les jeunes sujets sont plantés et cultivés dans des stations reproduisant l'environnement naturel d'une forêt tropicale, de façon à assurer la pérennité des espèces.

Placages

Les feuillus, généralement plus durables que les résineux, présentent une palette de tonalités, textures et veinages beaucoup plus diversifiée. Ils sont par conséquent plus recherchés et plus chers. Les essences exotiques, malheureusement de plus en plus rares, sont souvent tranchées en placages pour répondre à une demande croissante (voir page 88).

Feuillus en voie de disparition

La surproduction et l'absence de réglementation internationale se sont soldées par une grave pénurie de nombreuses essences tropicales (voir pages 14 à 16). Dans notre répertoire, les espèces menacées sont signalées par un point rouge. Vérifiez scrupuleusement la provenance des bois proposés par les fournisseurs.

● Menacé

ACACIA D'AUSTRALIE

Acacia melanoxylon

Autre nom : Blackwood d'Australie

Provenance : Régions montagneuses d'Australie méridionale et orientale.

Arbre : Hauteur maxi/diamètre moyen : 24 m/1,5 m.

Bois : Robuste. Fil généralement droit, parfois ondulant et entremêlé. Grain moyen et régulier. Couleur allant du brun doré au brun foncé. Veinage rayé «dos de violon» très décoratif sur certains débits. Duramen durable, réfractaire aux traitements de protection. Convient très bien au cintrage.

Applications courantes : Ébénisterie, menuiserie, tournage, accessoires haut de gamme, placage décoratif.

Façonnage : Se travaille relativment bien à l'outillage manuel ou à la machine. Fini satisfaisant sur les pièces à droit fil, mais plus délicat sur les pièces à fil irrégulier. Collage aisé.

Finition : Prend bien la teinte. Beau lustré.

Poids moyen sec : 670 kg/m³.

ÉRABLE SYCOMORE

Acer pseudoplatanus

Autres noms : Faux-platane, érable blanc

Provenance : Europe, Asie occidentale

Arbre : Hauteur/diamètre maxi. : 30 m/1,5 m.

Bois : Non durable. Fil généralement droit, parfois ondé, donnant un motif à «dos de violon» très prisé des luthiers. Grain serré et régulier. Couleur blanche tirant sur le crème. Aspect brillant. Ne convient pas aux usages extérieurs, mais idéal pour le cintrage.

Applications courantes : Tournage, mobilier, parquet, placage, ustensiles de cuisine.

Façonnage : Se travaille bien à l'outillage manuel ou à la machine, mais plus difficilement pour les pièces à fil ondé.

Finition : Prend bien la teinte. Beau lustré.

Poids moyen sec : 630 kg/m³.

ÉRABLE ROUGE

Acer rubrum

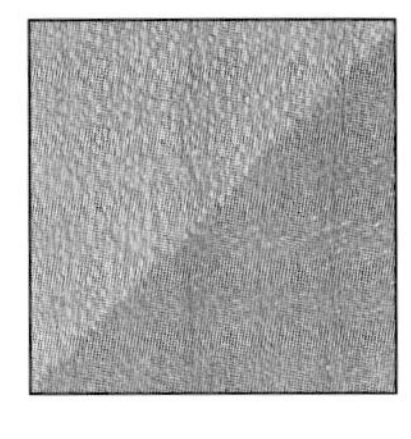

Autre nom : Aucun

Provenance : États-Unis, Canada

Arbre : Hauteur/diamètre maxi. : 23 m/0,75 m.

Bois : Fil droit, grain serré. Aspect brillant. Couleur brun crème clair. Peu durable. Moins résistant que l'érable moucheté d'Amérique (*Acer saccharum*). Convient au cintrage à la vapeur.

Applications courantes : Mobilier, menuiserie d'intérieur, instruments de musique, parquet, tournage, contreplaqué, placage.

Façonnage : Se travaille très bien à l'outillage manuel ou à la machine. Collage aisé.

Finition : Prend bien la teinte. Beau lustré.

Poids moyen sec : 630 kg/m^3.

ÉRABLE MOUCHETÉ D'AMÉRIQUE

Acer saccharum

Autre nom : Érable à sucre

Provenance : Canada, États-Unis.

Arbre : Hauteur/diamètre moyens : 27 m/0,75 m.

Bois : Dur et lourd. Fil droit , grain fin. Non durable. Duramen brun-rouge clair, aubier clair souvent apprécié pour sa blancheur.

Applications courantes : Mobilier, instruments de musique, billots, tournage, parquet, placage.

Façonnage : Bois difficile à travailler, que ce soit à la main ou à la machine, surtout sur les pièces à fil irrégulier. Collage aisé.

Finition : Prend bien la teinte. Lustré satisfaisant.

Poids moyen sec : 740 kg/m^3.

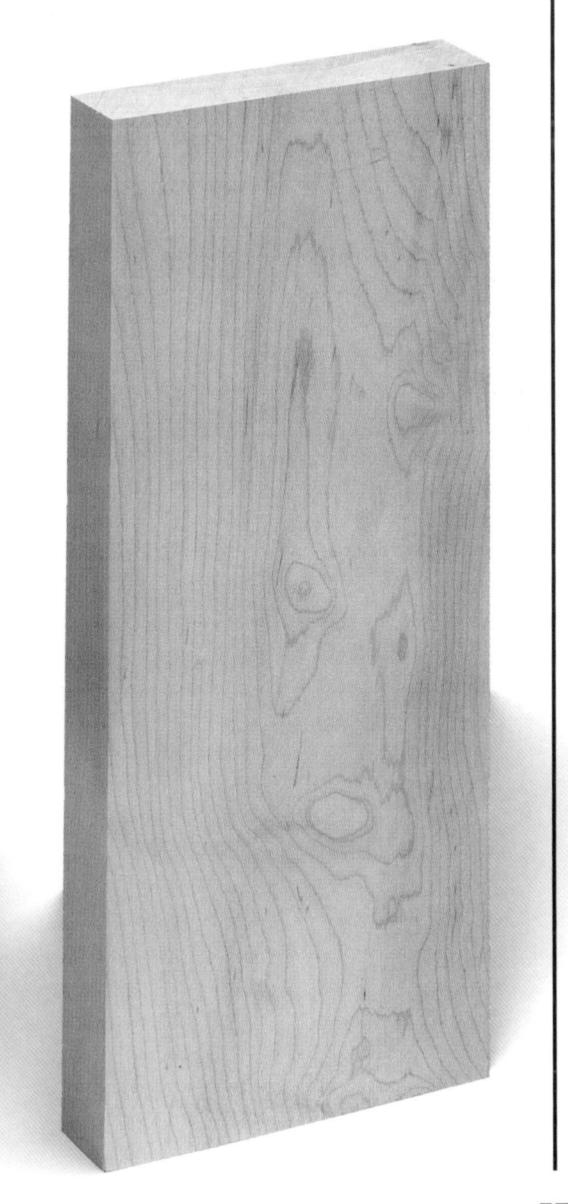

AUNE D'OREGON

Alnus rubra

Autre nom : Aucun

Provenance : Côte ouest d'Amérique du Nord

Arbre : Hauteur/diamètre maxi. : 15 m/0,30 à 0,50 m.

Bois : Tendre. Non durable et peu résistant. Réagit bien aux traitements de protection. Fil relativement droit, grain régulier. Sa couleur, déclinant une palette de tonalités du jaune pâle au brun rougeâtre, met son veinage en valeur.

Applications courantes : Mobilier, tournage, sculpture, placage décoratif, contreplaqué et jouets.

Façonnage : Se travaille assez bien à la main ou à la machine avec des outils parfaitement affûtés. Collage aisé.

Finition : Prend bien la teinte. Réagit bien à la peinture et au vernissage.

Poids moyen sec : 530 kg/m³

URUNDAY

Astronium fraxinifolium

Autre nom : Gonçalo Alves

Provenance : Brésil

Arbre : Hauteur/diamètre moyens. : 30 m/1 m. Hauteur maxi : 45 m.

Bois : Formé d'une alternance de couches dures et tendres, il est dur et très durable. Fil irrégulier et entremêlé. Grain moyen. Couleur brun rougeâtre, rayée de stries foncées qui l'apparentent au palissandre de Rio.

Applications courantes : Ébénisterie, objets décoratifs, placages. Essence de prédilection des tourneurs.

Façonnage : Bois difficile à travailler à la main. Utiliser impérativement des tranchants bien affûtés. Collage aisé.

Finition : Présente un éclat naturel. Beau lustré.

Poids moyen sec : 950 kg/m³.

● **Menacé**

BOULEAU JAUNE CANADIEN

Betula alleghaniensis

Autre nom : Bouleau des Alleghanys

Provenance : Canada, États-Unis

Arbre : Fût droit et légèrement effilé. Hauteur/diamètre maxi. : 20 m/0,75 m.

Bois : Peu durable. Fil droit, grain fin et régulier. Aubier jaune clair perméable ; le duramen brun rougeâtre, présentant des cernes de croissance visibles et plus sombres, est réfractaire aux traitements de protection. Convient très bien au cintrage à la vapeur.

Applications courantes : Menuiserie, parquet, mobilier, tournage, contreplaqué décoratif haut de gamme.

Façonnage : Se travaille relativement bien à l'outillage manuel ou à la machine. Collage aisé.

Finition : Prend bien la teinte. Beau lustré.

Poids moyen sec : 710 kg/m³.

BOULEAU À PAPIER

Betula papyrifera

Autre nom : American birch

Provenance : États-Unis, Canada

Arbre : Fût droit et cylindrique dépourvu de rameaux. Hauteur/diamètre maxi. : 18 m/0,30 m.

Bois : Non durable. Relativement dur. Fil droit, grain serré et régulier. Aubier blanc crème ; duramen brun clair réagissant plutôt mal aux traitements de protection. Convient assez bien au cintrage à la vapeur.

Applications courantes : Tournage, ustensiles domestiques, caisses, contreplaqué, placage.

Façonnage : Se travaille relativement bien à la main ou à la machine. Collage aisé.

Finition : Prend bien la teinte. Beau lustré.

Poids moyen sec : 640 kg/m³

BUIS

Buxux sempervirens

Autre nom : Buis commun

Provenance : Europe méridionale, Asie occidentale et Asie mineure.

Arbre : Silhouette buissonnante et ramassée. Fûts multiples, produisant de petites billettes d'environ 1 m de long. Hauteur/diamètre maxi. : 9 m/0,20 m.

Bois : Dur, lourd, résistant et dense. Fil droit ou irrégulier, grain fin et régulier. De couleur jaune pâle après débitage, il se patine légèrement à la lumière et à l'air. Duramen durable ; aubier poreux sensible aux traitements de protection. Convient très bien au cintrage à la vapeur.

Applications courantes : Gravure, manches d'outils, accessoires de lutherie, règles, incrustations, tournage, sculpture.

Façonnage : Difficile à travailler, mais des tranchants bien affûtés assurent des coupes franches. Collage aisé.

Finition : Prend bien la teinte. Beau lustré.

Poids moyen sec : 930 kg/m^3.

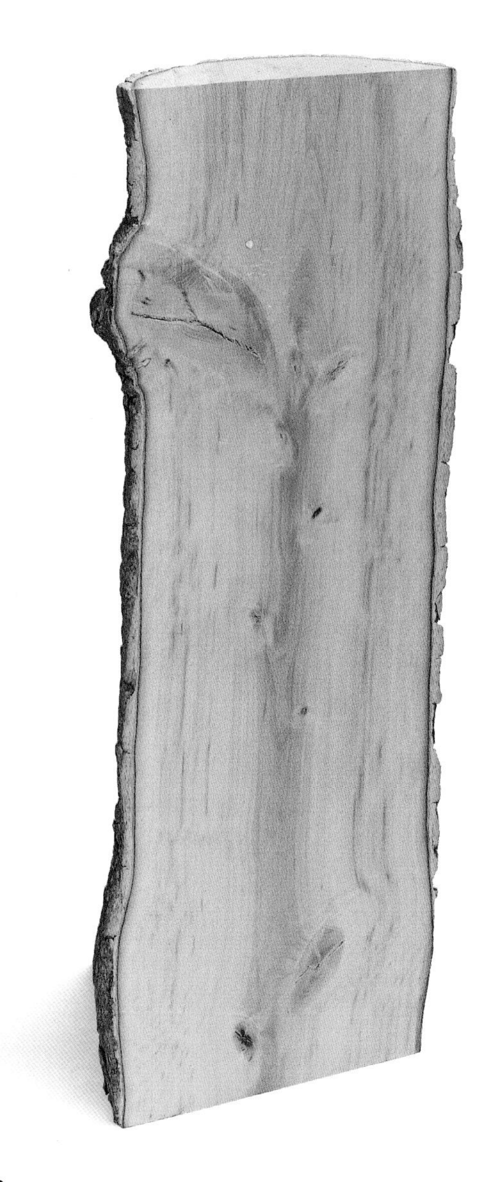

CHÊNE SOYEUX D'AUSTRALIE

Cardwellia sublimis

Autre nom : Silky oak

Provenance : Australie

Arbre : Fût rectiligne. Hauteur/diamètre maxi. : 36 m/1,2 m.

Bois : Assez durable pour des usages extérieurs. Fil droit, maille apparente ; grain grossier et régulier. Convient au cintrage à la vapeur malgré une résistance moyenne. Bien qu'il rappelle par sa couleur le chêne rouge d'Amérique (*Quercus rubra*), il ne fait pas partie de la famille des chênes.

Applications courantes : Construction, menuiserie intérieure, mobilier, parquet, placage.

Façonnage : Se travaille bien à la main ou à la machine. Maille très sensible au rabotage. Collage aisé.

Finition : Prend bien la teinte. Lustré satisfaisant.

Poids moyen sec : 550 kg/m^3.

PACANIER

Carya illinoensis

Autres noms : Hickory nucifère, noyer d'Amérique,

Provenance : États-Unis

Arbre : Porte un fruit comestible, la noix de pécan. Hauteur/diamètre maxi. : 30 m/1 m.

Bois : Non durable. Dense et résistant. Fil généralement droit, parfois irrégulier ou ondé ; grain grossier. Ressemble beaucoup au frêne (*Fraxinus* spp.) Aubier blanc, duramen brun rougeâtre. Cernes annuels poreux. Résiste bien aux chocs et convient très bien au cintrage à la vapeur.

Applications courantes : Chaises et meubles cintrés, matériel de sport, manches d'outils, baguettes de tambour.

Façonnage : Difficile à travailler, car le bois dense émousse rapidement le tranchant des outils manuels ou mécaniques. Collage satisfaisant.

Finition : Malgré sa porosité, réagit bien à la mise en teinte et au vernissage.

Poids moyen sec : 750 kg/m^3.

CHÂTAIGNIER D'AMÉRIQUE

Castanea dentata

Autre nom : American chestnut

Provenance : Canada, États-Unis

Arbre : Hauteur/diamètre moyens : 24 m/0,50 m. Jadis très courants, ces arbres ont été décimés au début du siècle par la nielle du châtaignier. Pour enrayer cette maladie fongique, de nombreux arbres ont dû être abattus.

Bois : Durable. Grain grossier. Larges cernes très marqués. Aubier brun clair. Comme le chêne, il est sensible aux métaux ferrugineux qui le tachent de bleu foncé. En milieu humide, il devient extrêmement corrosif pour ces matériaux. Trous de vers très appréciés des amateurs de copies d'anciens.

Applications courantes : Mobilier, poteaux, piquets, placage,cercueils.

Façonnage : Se travaille bien à la main ou à la machine. Collage aisé.

Finition : Prend bien la teinte. Beau lustré.

Poids moyen sec : 480 kg/m^3.

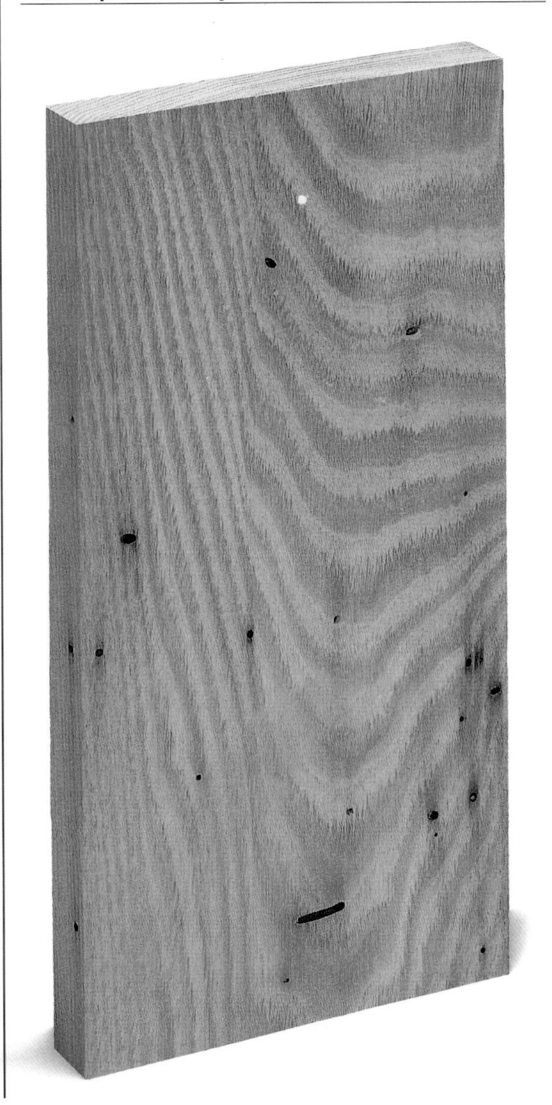

CHÂTAIGNIER

Castanea sativa

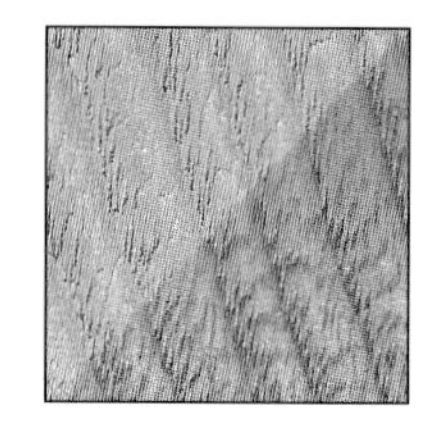

Autre nom : Aucun

Provenance : Europe, Asie mineure

Arbre : Fût rectiligne. Découpe à 6 m du sol. Silhouette volumineuse. Porte des fruits comestibles. Hauteur/diamètre moyens. : 30 m/1,8 m

Bois : Durable. Fil droit ou alterné, grain grossier. Couleur brun jaune. En coupe transversale, révèle une couleur et une texture proches de celles du chêne (*Quercus* spp.). Comme ce dernier et le châtaignier d'Amérique (*Castanea dentata*), réagit aux métaux ferrugineux qui le tachent.

Applications courantes : Mobilier, tournage, poteaux, piquets, cercueils.

Façonnage : Facile à travailler à l'outillage manuel ou à la machine. Le grain grossier est susceptible d'un fini lisse. Collage satisfaisant.

Finition : Prend bien la teinte. Beau lustré, surtout au vernissage.

Poids moyen sec : 560 kg/m³.

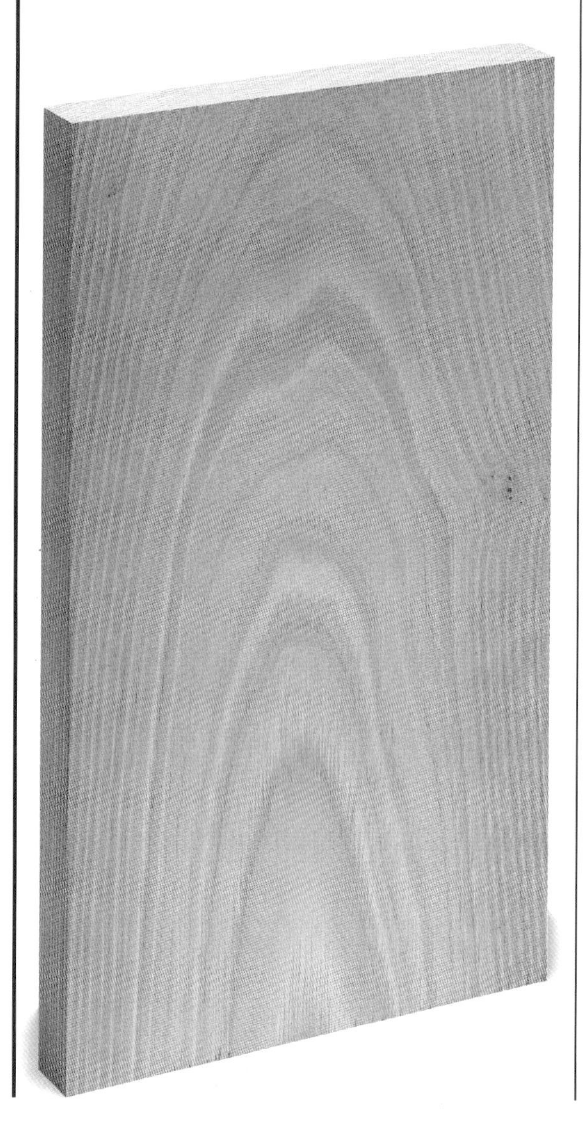

BLACK BEAN

Castanospermum australe

Autre nom : Aucun

Provenance : Australie orientale

Arbre : Grand arbre des forêts humides dont l'aire s'étend des Nouvelles Galles du Sud au Queensland. Hauteur/diamètre maxi. : 40 m/1 m.

Bois : Dur et lourd. Fil généralement droit, parfois entremêlé. Grain relativement grossier. Couleur brun foncé, striée de gris brun. Veinage très décoratif. Duramen durable, réfractaire aux traitements de protection.

Applications courantes : Mobilier, tournage, menuiserie, sculpture, placage décoratif.

Façonnage : Pas très facile à travailler à l'outillage manuel ou à la machine, car ce bois dur présente par endroits des parties tendres qui risquent de s'effriter si le tranchant des outils est mal affûté. Collage relativement satisfaisant.

Finition : Prend bien la teinte. Beau lustré.

Poids moyen sec : 720 kg/m³.

CITRON DE CEYLAN

Chloroxylon swietenia

Autres noms : Citronnier de Ceylan, bois satiné de l'Inde, satinwood

Provenance : Inde du Sud et centrale, Sri Lanka

Arbre : Fût droit. Hauteur/diamètre maxi. : 15 m/0,30 m.

Bois : Lourd, dur et robuste. Durable. Éclat naturel. Fil entremêlé dessinant un motif rubané. Grain fin et régulier. Couleur jaune clair à brun doré.

Applications courantes : Menuiserie intérieure, mobilier, placage, incrustations, tournage.

Façonnage : Bois assez difficile à travailler, à la main et à la machine, et à coller.

Finition : Un travail très soigneux permet d'obtenir une surface lisse et régulière et un beau lustré.

Poids moyen sec : 990 kg/m^3.

● **Menacé**

BOIS DE VIOLETTE

Dalbergia cearensis

Autres noms : Jacaranda, bois violet

Provenance : Amérique du Sud

Arbre : De la famille du palissandre, ce petit arbre produit des billettes de 2,5 m de long sur 0,75 à 20 mm de diamètre après élimination de l'aubier blanc.

Bois : Durable. Fil généralement droit, grain fin et régulier. Duramen brillant, dessine un motif rubané déclinant des tonalités de brun violet, noir et jaune doré.

Applications courantes : Tournage, incrustations, marqueterie.

Façonnage : Facile à travailler avec des tranchants bien affûtés. Collage satisfaisant.

Finition : Beau poli. L'encaustiquage offre un beau lustré.

Poids moyen sec : 1 200 kg/m^3.

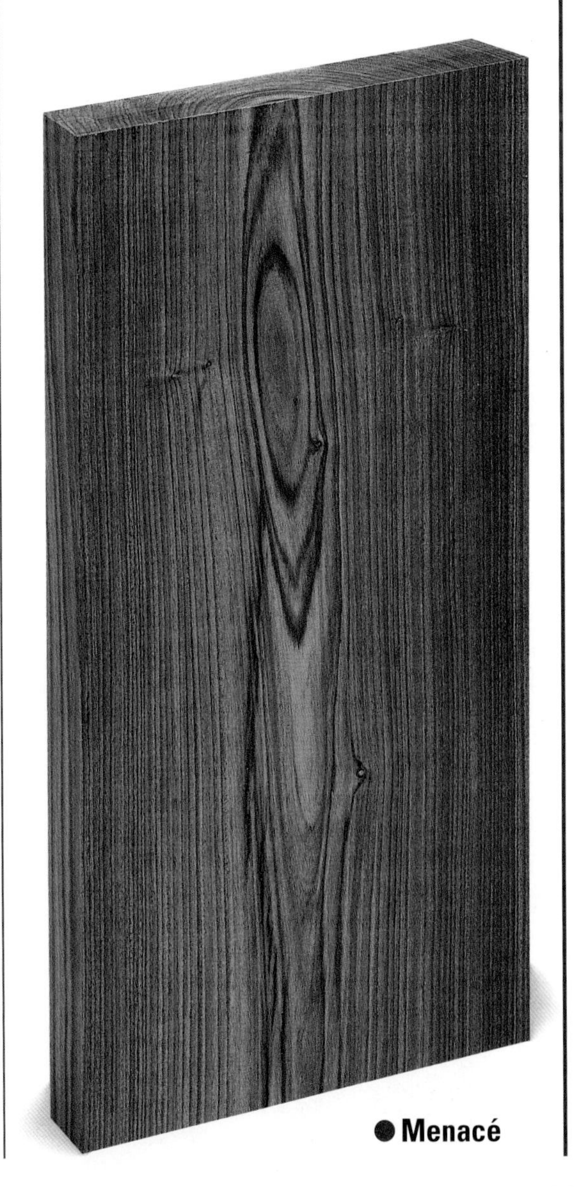

● **Menacé**

PALISSANDRE DES INDES

Dalbergia latifolia

Autre nom : Bombay blackwood (Inde)

Provenance : Inde

Arbre : Fût rectiligne et cylindrique, dénué de branches. Hauteur/diamètre maxi. : 24 m/1,5 m.

Bois : Durable. Lourd et dur. Fil alterné, dont les bandes étroites dessinent un délicat dessin rubané. Grain relativement grossier et uniforme. Couleur brun-doré à brun-violet, rayée de noir ou de violet foncé.

Applications courantes : Mobilier, instruments de musique, construction navale, tournage, placage.

Façonnage : Assez difficile à travailler à l'outillage manuel ; émousse le tranchant des outils mécaniques. Collage satisfaisant.

Finition : Beau lustré en finition à la cire. Boucher soigneusement les pores au préalable

Poids moyen sec : 870 kg/m³.

● **Menacé**

COCOBOLO

Dalbergia retusa

Autre nom : Granadillo (Mexique)

Provenance : Côte ouest d'Amérique centrale

Arbre : Fût parfois strié. Hauteur/diamètre maxi. : 30 m/1 m.

Bois : Durable. Lourd et dur. Fil irrégulier, grain moyen et régulier. Duramen de couleur dégradée, allant du rouge-violacé au jaune, veiné de noir. Vire au rouge-orangé profond à la lumière.

Applications courantes : Tournage, dos de brosse, manches de couverts, placage.

Façonnage : Se travaille bien à la main et à la machine, malgré sa dureté. Utiliser des tranchants bien affûtés. Sa nature huileuse permet un fini lisse à l'usinage. Collage difficile.

Finition : Prend bien la teinte. Beau lustré.

Poids moyen sec : 1 100 kg/m³.

● **Menacé**

ÉBÈNE DE CEYLAN

Diospyros ebenum

Autre nom : Ébène vrai

Provenance : Inde, Sri Lanka

Arbre : Fût rectiligne. Découpe à environ 4,5 m du sol. Hauteur/diamètre maxi. : 30 m/0,75 m.

Bois : Lourd, dur et dense. Fil droit, irrégulier ou ondé ; grain serré régulier. Aubier non durable jaune-crème ; duramen durable présentant un éclat naturel, brun foncé à noir.

Applications courantes : Tournage, instruments de musique, incrustations, manches de couverts.

Façonnage : Difficile à travailler autrement qu'au tour, car il a tendance à s'effriter et à émousser rapidement le tranchant des outils. Collage malaisé.

Finition : Superbe lustré.

Poids moyen sec : 1 190 kg/m^3.

●Menacé

JELUTONG

Dyera costulata

Autres noms : Jelutong bukit, jelutong paya (Sarawak)

Provenance : Asie du Sud-Est

Arbre : Fût rectiligne et élancé. Découpe à 27 m du sol. Hauteur/diamètre maxi. : 60 m/2,5 m

Bois : Non durable. Tendre. Fil droit, grain serré et régulier. Éclat naturel. Veinage très discret. Présente souvent des laticifères d'environ 12 mm de diamètre. Aubier et duramen indistincts, de couleur crème à brun pâle.

Applications courantes : Menuiserie intérieure, maquettes, allumettes, contreplaqué.

Façonnage : Se travaille bien à l'outillage manuel et à la machine. Fini lisse. Facile à sculpter. Collage aisé.

Finition : Prend bien la teinte et réagit bien au vernissage. Beau lustré.

Poids moyen sec : 470 kg/m^3.

●Menacé

NOYER DU QUEENSLAND

Endiandra palmerstonii

Autre nom : Endiandra d'Australie

Provenance : Australie

Arbre : Fût long, stabilisé par des racines palette. Port élancé. Hauteur/diamètre maxi. : 42 m/1,5 m

Bois : Non durable. Très ressemblant au noyer d'Europe (*Juglans regia*). Fil entremêlé et ondé dessinant un veinage très décoratif. Couleur brun clair à brun foncé, rayée de rose et de gris foncé. Rayons ligneux souvent siliceux.

Applications courantes : Mobilier, menuiserie intérieure, parquet, placage décoratif.

Façonnage : Difficile à travailler à la main ou à la machine, le bois siliceux émoussant rapidement les tranchants. Fini lisse. Collage satisfaisant.

Finition : Beau lustré.

Poids moyen sec : 690 kg/m³.

SIPO

Etandrophragma utile

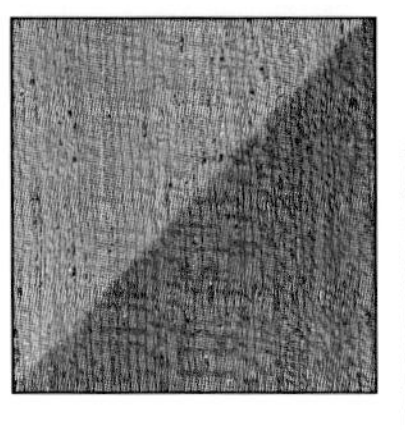

Autre nom : Acajou sipo, assié (Cameroun)

Provenance : Afrique

Arbre : Fût rectiligne et cylindrique. Hauteur/diamètre moyens : 45 m/2 m.

Bois : Durable. Relativement résistant. Grain moyen, fil entremêlé. Débité sur quartier, il révèle un motif rubané. La couleur brun-rosé du bois tombant de scie vire au brun-rougeâtre à la lumière.

Applications courantes : Menuiserie intérieure et extérieure, construction navale, mobilier, parquets, contreplaqué, placages.

Façonnage : Se travaille bien à la main ou à la machine. Veiller à ne pas arracher le dessin rubané au rabotage. Collage aisé.

Finition : Prend relativement bien la teinte. Beau lustré.

Poids moyen sec : 660 kg/m³.

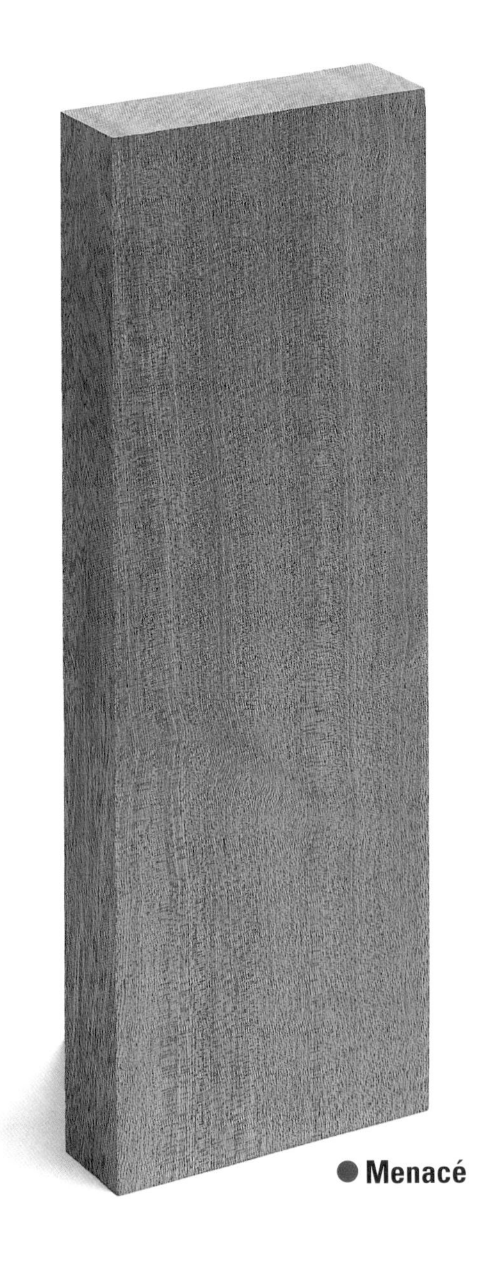

● **Menacé**

JARRAH

Eucalyptus marginata

Autre nom : Acajou australien

Provenance : Australie occidentale

Arbre : Fût long et dénué de rameaux. Hauteur/diamètre maxi. : 45 m/1,5 m.

Bois : Très durable. Résistant, dur et lourd. Fil généralement droit, parfois ondé ou entremêlé ; grain moyen et régulier. Aubier étroit, jaune-blanchâtre ; duramen rouge clair à rouge sombre tombant de scie, virant au brun-rouge. Dessin présente un motif flammé très décoratif, produit par la fistuline. Présence occasionnelle de laticifères.

Applications courantes : Construction, construction navale, menuiserie intérieure et extérieure, mobilier, tournage, placage décoratif.

Façonnage : Bois assez difficile à travailler à la main comme à la machine, mais se prête bien au travail au tour. Collage aisé.

Finition : Très beau lustré, surtout sur une finition à l'huile.

Poids moyen sec : 820 kg/m³.

HÊTRE AMÉRICAIN

Fagus grandifolia

Autre nom : Aucun

Provenance : Canada, États-Unis

Arbre : Hauteur/diamètre moyens. : 15 m/0,5 m

Bois : Légèrement plus épais et plus lourd que le hêtre rouge (*Fagus sylvatica*), mais aussi résistant. Fil droit, grain serré et régulier. Couleur brun clair à brun-rougeâtre. Convient au cintrage à la vapeur. Très vulnérable à l'humidité, mais réagit bien aux traitements de protection.

Applications courantes : Ébénisterie, menuiserie intérieure, tournage, cintrage.

Façonnage : Se travaille bien à l'outillage manuel ou à la machine, mais tendance à brûler sur les coupes en travers fil et au perçage. Collage aisé.

Finition : Prend bien la teinte. Susceptible d'un beau lustré.

Poids moyen sec : 740 kg/m³.

HÊTRE COMMUN

Fagus sylvatica

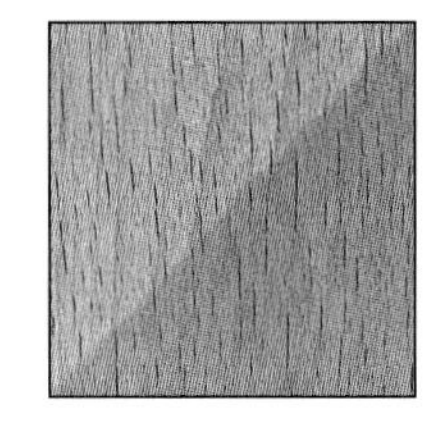

Autres noms : Hêtre rouge, fayard, foutan

Provenance : Europe

Arbre : Fût droit dénué de branches. Hauteur/diamètre maxi. : 45 m/1,2 m

Bois : Résistant. Non durable mais réagit bien aux traitements de protection. Plus dur que le chêne après séchage artificiel. Fil droit, grain serré et régulier. Le bois tombant de scie est d'une couleur crème qui vire au brun doré à la lumière et au brun-rougeâtre après étuvage. Convient très bien au cintrage à la vapeur.

Applications courantes : Menuiserie intérieure, ébénisterie, tournage, cintrage, contreplaqué, placages.

Façonnage : Plus ou moins facile à travailler, à l'outillage manuel ou à la machine, selon la qualité et le mode de séchage. Collage aisé.

Finition : Prend bien la teinte. Susceptible d'un beau lustré.

Poids moyen sec : 720 kg/m³.

FRÊNE BLANC

Fraxinus americana

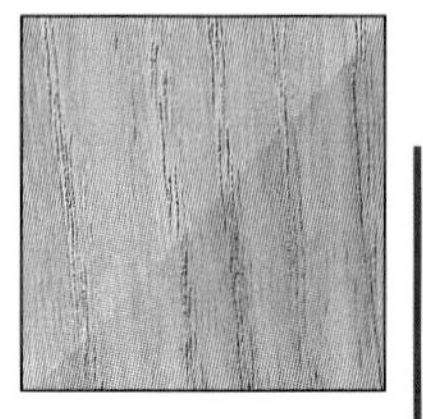

Autre nom : Frêne blanc d'Amérique

Provenance : Canada, États-Unis

Arbre : Hauteur/diamètre moyens. : 18 m/0,75 m

Bois : Non durable. Possibilité de traitement de protection pour les usages extérieurs. Résistant et insensible aux chocs. Fil généralement droit,. grain grossier. Zone poreuse très nette, formant un dessin caractéristique. Aubier presque blanc, duramen brun pâle, ressemblant au frêne commun. Convient au cintrage à la vapeur.

Applications courantes : Menuiserie, construction navale, matériel de sport, manches d'outils, contreplaqué, placage.

Façonnage : Facile à travailler à l'outillage manuel ou à la machine. Fini lisse. Collage aisé.

Finition : Prend bien la teinte, avec une prédilection certaine pour les teintes noires. Beau lustré.

Poids moyen sec : 670 kg/m³.

FRÊNE COMMUN

Fraxinus excelsior

Autre nom : Frêne d'Europe

Provenance : Europe

Arbre : De taille très variable, hauteur moyenne : 30 m ; diamètre de 0,5 m à 1,5 m.

Bois : Non durable. A traiter impérativement pour les usages extérieurs. Fil droit, grain grossier. Aubier et duramen de couleur blanchâtre à brun-pâle. Le frêne olivier présente duramen brun et un dessin semblable à l'olivier. Les espèces les plus claires et résistantes sont très recherchées. Dur et souple, pratiquement insensible aux chocs, peu susceptible de se fissurer. Convient très bien au cintrage à la vapeur.

Applications courantes : Matériel de sport et manches d'outils, ébénisterie, cintrage, construction navale, industrie automobile, barreaux d'échelle, lamellés, contreplaqué, placages décoratifs.

Façonnage : Se travaille bien à l'outillage manuel ou à la machine. Fini lisse. Collage aisé.

Finition : Prend bien la teinte. Beau lustré.

Poids moyen sec : 710 kg/m^3.

RAMIN

Gonystylus macrophyllum

Autres noms : Melawis (Malaisie), ramin telur (Sarawak)

Provenance : Asie du Sud-Est

Arbre : Fût long et rectiligne. Hauteur/diamètre maxi. : 24 m/0,6 m

Bois : Non durable. Ne convient pas aux usages extérieurs. Fil droit, parfois légèrement entremêlé ; grain relativement fin et régulier. Aubier et duramen brun crème clair.

Applications courantes : Menuiserie intérieure, parquet, mobilier, fabrication de jouets, tournage, sculpture, placage.

Façonnage : Relativement facile à travailler à l'outillage manuel ou à la machine, avec des tranchants bien affûtés. Collage aisé.

Finition : Réagit bien à la mise en teinte, à la peinture et au vernissage. Lustré satisfaisant.

Poids moyen sec : 670 kg/m^3.

● **Menacé**

BOIS DE GAIAC

Guaiacum officinale

Autres noms : Gaïac officinal, bois de vie, Lignum vitae

Provenance : Grandes Antilles, Amérique tropicale

Arbre : Arbre à croissance lente. Hauteur/diamètre maxi. : 9 m/0,5 m. Le bois est commercialisé en billettes courtes.

Bois : Parmi les plus durs et les plus lourds. Très durable. Résineux, et huileux au toucher. Très apprécié pour sa dureté et sa capacité à lubrifier le tranchant des outils. Fil entremêlé très serré, grain fin et régulier. Aubier étroit de couleur crème ; duramen brun-vert foncé à noir.

Applications courantes : Fabrication de paliers et poulies, maillets, tournage.

Façonnage : Très difficile à scier et à travailler à la main ou avec des machines. Beau fini au tour. Utiliser un diluant à l'huile pour le collage.

Finition : Beau poli mettant en valeur ses qualités naturelles.

Poids moyen sec : 1 250 kg/m³.

● Menacé

Inscrit à l'annexe II de la CITES (voir p. 14)

BUBINGA

Guibourtia demeusei

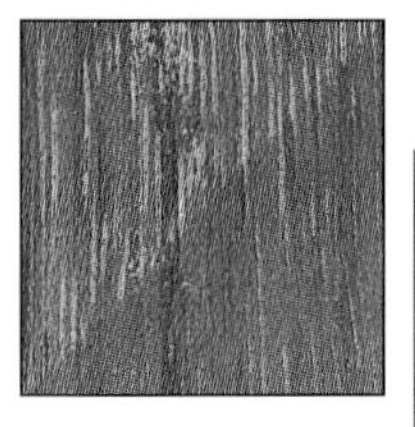

Autres noms : Kevazingo (Gabon) ; essingang (Cameroun)

Provenance : Cameroun, Gabon, Zaïre

Arbre : Fût long et rectiligne. Hauteur/diamètre maxi. : 30 m/1 m

Bois : Dur et lourd. Peu résilient mais relativement résistant et durable. Fil droit ou entremêlé et irrégulier ; grain plutôt grossier et régulier. Duramen brun-rouge veiné de rouge et violet.

Applications courantes : Mobilier, ustensiles, tournage, placages décoratifs (prend le nom de kevazingo pour les placages déroulés)

Façonnage : Se travaille bien à l'outillage manuel. Bon fini à l'outillage à la machine si les tranchants sont bien affûtés. Collage malaisé en cas de présence de poches de gomme.

Finition : Prend bien la teinte. Beau lustré.

Poids moyen sec : 880 kg/m³

● Menacé

BOIS DU BRÉSIL

Guilandina echinata

Autre nom : Pernambouc

Provenance : Brésil

Arbre : De taille variable, cet arbre produit de petites billettes ou débit de 0,2 m de diamètre.

Bois : Lourd et dur. Résilient et résistant et très durable. Fil généralement droit, grain serré et régulier. Aubier pâle très distinct ; duramen rouge orangé lumineux et brillant, virant au brun-rouge profond à la lumière.

Applications courantes : Bois de teinture, archets de violon, menuiserie extérieure, lames de parquet, tournage, crosses de fusil, placage.

Façonnage : Se travaille relativement bien à la main ou à la machine si les tranchants sont bien affûtés. Collage aisé.

Finition : Lustré exceptionnel.

Poids moyen sec : 1 280 kg/m^3.

● **Menacé**

NOYER CENDRÉ

Juglans cinerea

Autre nom : Noyer gris d'Amérique

Provenance : Canada, États-Unis

Arbre : Hauteur/diamètre maxi. : 15 m/0,75 m

Bois : Tendre et fragile. Non durable. Fil droit, grain grossier. Très ressemblant au noyer noir d'Amérique (*Juglans nigra*) par son dessin, mais l'aubier, brun moyen à brun foncé, est plus clair.

Applications courantes : Mobilier, menuiserie intérieure, sculpture, placages, caisses, boîtes.

Façonnage : Se travaille bien à l'outillage manuel ou à la machine si les tranchants sont bien affûtés. Collage aisé.

Finition : Prend bien la teinte. Beau lustré.

Poids moyen sec : 450 kg/m^3.

NOYER NOIR D'AMÉRIQUE

Juglans nigra

Autre nom : Black walnut

Provenance : États-Unis, Canada

Arbre : Hauteur/diamètre moyens : 30 m/1,5 m

Bois : Relativement durable. dur. Fil généralement droit, parfois ondé ; grain grossier et régulier. Aubier clair très distinct ; duramen brun-violet foncé. Convient au cintrage à la vapeur.

Applications courantes : Mobilier, instruments de musique, menuiserie intérieure, crosses de fusils, sculpture, contreplaqué, placage.

Façonnage : Se travaille bien à l'outillage manuel ou à la machine. Collage aisé.

Finition : Beau lustré.

Poids moyen sec : 660 kg/m³.

NOYER COMMUN

Juglans regia

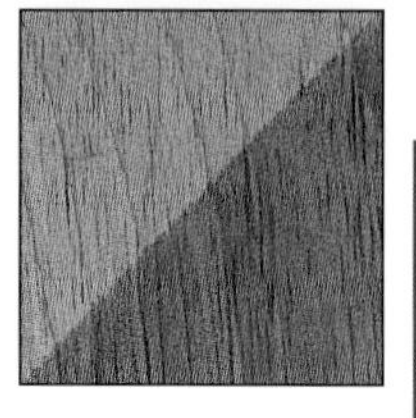

Autre nom : Noyer de France

Provenance : Europe, Asie mineure, Asie du Sud-Ouest

Arbre : Produit des noix comestibles. Hauteur/diamètre maxi. : 30 m/1 m

Bois : Relativement durable. Plutôt dur. Fil droit à ondé, grain grossier. Couleur gris-brun. Plus ou moins veiné de rayures sombres selon la provenance. Le noyer italien arbore une couleur et un dessin très appréciés. Convient au cintrage à la vapeur.

Applications courantes : Mobilier, menuiserie intérieure, crosses de fusils, tournage, sculpture, placage.

Façonnage : Se travaille bien à l'outillage manuel ou à la machine. Collage aisé.

Finition : Beau lustré.

Poids moyen sec : 670 kg/m³.

TULIPIER DE VIRGINIE

Liriodendron tulipifera

Autre nom : Tulipier d'Amérique

Provenance : Est des États-Unis, Canada

Arbre : Hauteur maxi/diamètre moyen : 37 m/2 m

Bois : Tendre et léger. Non durable. Éviter tout contact direct avec le sol. Fil droit, grain serré. Aubier étroit blanc ; duramen vert olive clair à brun, flammé de bleu.

Applications courantes : Construction légère, menuiserie intérieure, fabrication de jouets, mobilier, sculpture, contreplaqué, placage.

Façonnage : Se travaille bien à l'outillage manuel ou à la machine. Collage aisé.

Finition : Réagit bien à la mise en teinte, à la peinture et au vernissage. Beau lustré.

Poids moyen sec : 510 kg/m³.

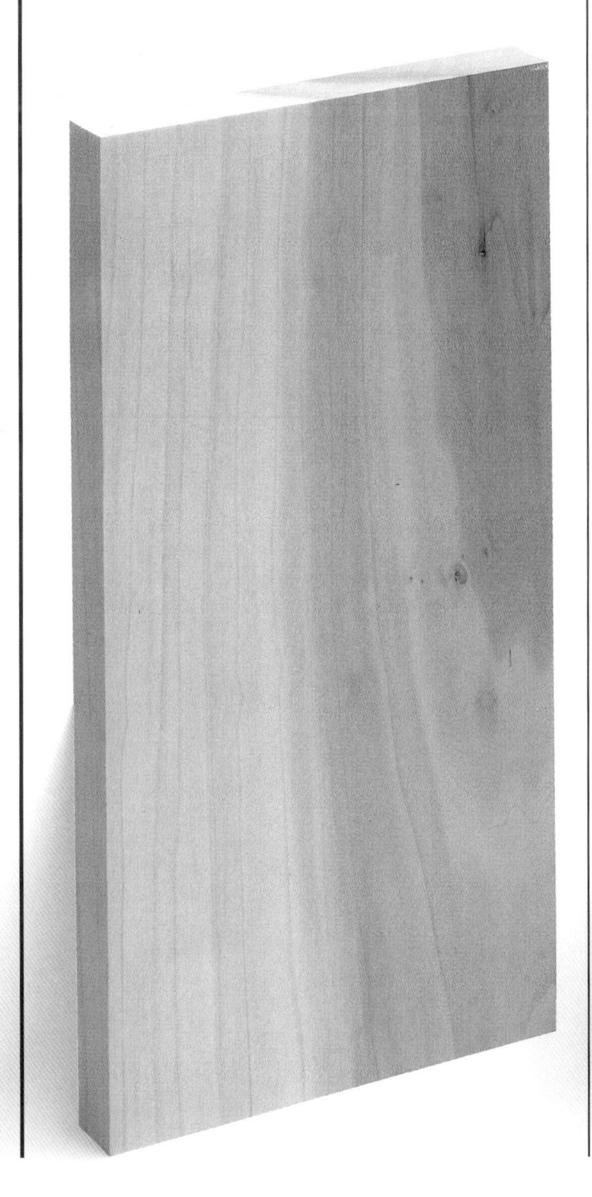

BALSA

Ochroma lagopus

Autre nom : Patte de lièvre

Provenance : Amérique du Sud, Amérique centrale, Grandes Antilles

Arbre : Arbre à croissance rapide. Atteint en 6 à 7 ans une hauteur de 21 m pour un diamètre de 0,6 m ; ensuite, le rythme de croissance se ralentit. Parvient à maturité en 12 à 15 ans.

Bois : Le plus léger des bois commerciaux. Sa densité détermine son classement : les spécimens cultivés à croissance rapide produisent un bois plus léger, plus tendre et moins dense que les spécimens âgés à croissance lente. Fil droit, pores larges. Éclat naturel. Couleur beige pâle à rosé.

Applications courantes : Isolation, accessoires de flottaison, maquettes, emballage d'articles de luxe.

Façonnage : Facile à travailler et à poncer à la main et à la machine. Utiliser des tranchants bien affûtés pour éviter de déchirer et d'arracher les fibres. Collage aisé.

Finition : Réagit relativement bien à la mise en teinte, à la peinture et au vernissage.

Poids moyen sec : 160 kg/m³.

AMARANTE

Peltogyne spp.

Autres noms : Violet ; Pau roxo (Brésil), purpleheart (Surinam) ; saka, koroboreli, sakavali (Guyane).

Provenance : Amérique centrale, Amérique du Sud

Arbre : Fût long et rectiligne. Hauteur/diamètre maxi. : 50 m/1 m

Bois : Durable. Résistant et résilient. Fil généralement droit, parfois irrégulier ; grain fin à moyen, régulier. De couleur violette à la coupe, vire progressivement au brun profond sous l'effet de l'oxydation.

Applications courantes : Construction, construction navale, mobilier, tournage (queues de billard notamment), parquet, placage.

Façonnage : Se travaille bien, à la main ou à la machine. Utiliser impérativement des tranchants bien affûtés car une lame émoussée ferait remonter la résine épaisse en surface. Convient au travail au tour. Collage aisé.

Finition : Prend bien la teinte et se prête volontiers à encaustiquage, mais les produits à l'alcool peuvent altérer la couleur.

Poids moyen sec : 880 kg/m³.

● **Menacé**

ASSAMELA

Pericopsis elata

Autre nom : Afrormosia

Provenance : Afrique occidentale

Arbre : Fût long et relativement haut. Hauteur/diamètre maxi. : 45 m/1 m.

Bois : Durable. Fil droit à entremêlé. Aubier brun-doré, prenant progressivement la couleur du teck (*Tectona grandis*), mais de texture plus fine. Plus résistant et moins huileux que le teck. Dans un milieu humide, susceptible de réagir aux métaux ferrugineux qui le tachent de noir.

Applications courantes : Placage, menuiserie intérieure et extérieure, mobilier, construction, construction navale.

Façonnage : Facile à scier. Peut présenter un fini lisse au rabotage si l'on veille à ne pas arracher le fil entremêlé. Collage aisé.

Finition : Beau lustré.

Poids moyen sec : 710 kg/m³.

● **Menacé**

Inscrit à l'annexe II de la CITES (voir p. 14)

PLATANE

Platanus acerifolia

Autre nom : Platane à feuilles d'érable

Provenance : Europe

Arbre : Aisément identifiable à son écorce mouchetée et écaillée. Peu sensible à la pollution, il orne souvent les trottoirs des villes. Hauteur/diamètre moyens. : 30 m/1 m

Bois : Non durable. Ne convient pas aux usages extérieurs. Fil droit, grain fin à moyen. Aubier brun-rougeâtre clair, avec mailles très visibles. Débité sur quartier, la maille dessine un motif à arêtes, appelé «bois de dentelle». Ressemble au platane occidental (*Platanus occidentalis*), mais est plus foncé. Convient au cintrage à la vapeur.

Applications courantes : Menuiserie, mobilier, tournage, placage.

Façonnage : Se travaille bien à l'outillage manuel et à la machine. Collage aisé.

Finition : Prend relativement bien la teinte. Lustré satisfaisant.

Poids moyen sec : 640 kg/m^3.

PLATANE D'OCCIDENT

Platanus occidentalis

Autre nom : Érable faux-platane

Provenance : États-Unis

Arbre : Hauteur/diamètre maxi. : 53 m/6 m

Bois : Non durable. Ne convient pas aux usages extérieurs. Fil généralement droit, grain régulier. Maille foncée très nette, mise en valeur sur les débit sur quartier («bois de dentelle»). Couleur brun clair. Plus léger que le platane commun (*Platanus acerifolia*).

Applications courantes : Menuiserie, huisserie, mobilier, lambris, placage.

Façonnage : Se travaille bien à l'outillage manuel ou à la machine. Utiliser des fers tranchants pour le rabotage. Collage aisé.

Finition : Prend relativement bien la teinte. Lustré satisfaisant.

Poids moyen sec : 560 kg/m^3.

CERISIER NOIR

Prunus serotina

Autre nom : Merisier d'Amérique

Provenance : Canada, États-Unis

Arbre : Hauteur/diamètre maxi. : 21 m/0,5 m.

Bois : Durable. Dur et relativement résistant. Fil droit, grain serré. Aubier étroit de teinte rosée ; duramen brun-rougeâtre à rouge foncé, flammé de brun et présentant parfois des poches de gomme Convient au cintrage à la vapeur.

Applications courantes : Mobilier, maquettes, menuiserie, tournage, instruments de musique, pipes, placage.

Façonnage : Se travaille bien à l'outillage manuel ou à la machine. Collage aisé.

Finition : Prend bien la teinte. Beau lustré.

Poids moyen sec : 580 kg/m^3.

PADOUK

Pterocarpus soyauxii

Autres noms : Corail, padouk d'Afrique

Provenance : Afrique occidentale

Arbre : Tronc stabilisé par des racines palette. Hauteur/diamètre maxi. : 30 m/1 m (au-dessus des racines).

Bois : Dur et lourd. Fil droit à entremêlé, grain relativement grossier. Aubier beige clair, pouvant atteindre 200 mm d'épaisseur ; duramen très durable, rouge vibrant à brun-violet, flammé de rouge.

Applications courantes : Menuiserie intérieure, mobilier, parquet, tournage, poignées. Parfois utilisé comme bois de teinture.

Façonnage : Se travaille bien à l'outillage manuel ; bon fini à l'outillage à la machine. Collage aisé.

Finition : Beau lustré.

Poids moyen sec : 710 kg/m^3.

● **Menacé**

CHÊNE BLANC D'AMÉRIQUE

Quercus alba

Autre nom : White oak

Provenance : États-Unis, Canada

Arbre : Dans de bonnes conditions de croissance, peut atteindre 30 m de haut pour 1 m de diamètre.

Bois : Assez durable pour les usages extérieurs. Fil droit, lui conférant une certaine ressemblance au chêne pédonculé (*Quercus robur*), mais sa couleur, déclinant des tonalités jaune-doré à brun pâle parfois teintées de rose, est plus variée. Grain moyen à grossier, selon les conditions de croissance. Convient au cintrage à la vapeur.

Applications courantes : Construction, menuiserie intérieure, mobilier, parquet, contreplaqué, placage.

Façonnage : Se travaille bien à l'outillage manuel ou à la machine. Collage aisé.

Finition : Prend bien la teinte. Très beau lustré.

Poids moyen sec : 770 kg/m³.

CHÊNE DU JAPON

Quercus mongolica

Autre nom : Ohnara

Provenance : Japon

Arbre : Fût rectiligne. Hauteur/diamètre maxi. : 30 m/1 m.

Bois : Fil droit, grain grossier. Son rythme de croissance régulier lui confère un aspect plus doux que le chêne blanc d'Amérique et le chêne pédonculé. Couleur brun-doré uniforme. Nœuds très rares. Aubier assez durable pour des usages extérieurs.

Applications courantes : Menuiserie intérieure et extérieure, construction navale, mobilier, lambris, parquet, placage.

Façonnage : Plus facile que les autres espèces de chênes à l'outillage manuel ou à la machine. Collage aisé.

Finition : Prend bien la teinte. Très beau lustré.

Poids moyen sec : 670 kg/m³.

CHÊNE PÉDONCULÉ

Quercus robur / Q. petraea

Autres noms : Chêne d'Europe, chêne sessile

Provenance : Europe, Asie mineure, Afrique du Nord

Arbre : Hauteur/diamètre maxi. : 30 m/2 m.

Bois : Durable. Son acidité attaque les métaux. Dur. Fil droit, grain grossier. Cernes annuels très visibles. Maille large et apparente, conférant aux débits sur quartier un motif très décoratif. Aubier beaucoup plus pâle que le duramen, brun-doré clair. Les variétés d'Europe centrale donnent souvent un bois souvent plus léger et moins résistant que celles d'Europe occidentale. Convient au cintrage à la vapeur.

Applications courantes : Menuiserie et ouvrages extérieurs, mobilier, parquet, construction navale, sculpture, placage.

Façonnage : Se travaille bien à l'outillage manuel ou à la machine, avec des tranchants bien affûtés. Collage aisé.

Finition : Réagit très bien au cérusage, à la mise en teinte et à la teinture par fumage. Beau lustré.

Poids moyen sec : 720 kg/m^3.

CHÊNE ROUGE D'AMÉRIQUE

Quercus rubra

Autre nom : Northern red oak

Provenance : Canada, États-Unis

Arbre : Selon les conditions de croissance, peut atteindre 21 m de haut pour 1 m de diamètre.

Bois : Non durable. Fil droit, grain plus ou moins grossier selon le rythme de croissance : les variétés originaires des régions septentrionales donnent un bois moins grossier que celui des spécimens provenant des régions méridionales, à croissance plus rapide. Couleur brun-doré pâle semblable à celle du chêne blanc d'Amérique (*Quercus alba*), mais teintée de rose. Convient au cintrage à la vapeur.

Applications courantes : Menuiserie intérieure, parquet, mobilier, contreplaqué, placage décoratif.

Façonnage : Se travaille bien à l'outillage manuel ou à la machine. Collage aisé.

Finition : Prend bien la teinte. Beau lustré.

Poids moyen sec : 790 kg/m^3.

LAUAN ROUGE

Shorea negrosensis

Autres noms : Méranti, acajou des Philippines, tanguile

Provenance : Philippines

Arbre : Tronc stabilisé par des racines palette. Hauteur/diamètre maxi. : 50 m/2 m (au-dessus des racines).

Bois : Relativement durable. Fil entremêlé, grain plutôt grossier. Dessin rubané très décoratif sur les planches sciées sur quartier. Aubier beige clair, duramen rouge moyen à foncé.

Applications courantes : Menuiserie intérieure, mobilier, construction navale, placage, boîtes.

Façonnage : Se travaille bien à l'outillage manuel ou à la machine, mais veiller à ne pas arracher la fibre au rabotage. Collage aisé.

Finition : Prend bien la teinte. Réagit très bien au vernissage. Beau lustré.

Poids moyen sec : 630 kg/m^3.

● **Menacé**

ACAJOU D'AMÉRIQUE

Swietenia macrophylla

Autre nom : Mahogany

Provenance : Amérique centrale et du Sud

Arbre : Tronc massif stabilisé par des racines palettes. Hauteur/diamètre maxi. : 45 m/2 m (au-dessus des racines).

Bois : Durable. Fil droit et régulier ou entremêlé, grain moyen. Aubier jaune-blanchâtre distinct ; duramen brun-rougeâtre à rouge profond.

Applications courantes : Lambris intérieur, bordages, pianos, menuiserie, mobilier, sculpture, placage décoratif.

Façonnage : Se travaille bien à l'outillage manuel ou à la machine avec des tranchants bien affûtés. Collage aisé.

Finition : Prend très bien la teinte. Beau lustré après bouchage des pores.

Poids moyen sec : 560 kg/m^3.

● **Menacé**

Inscrit à l'annexe III de la CITES (voir p. 14)

TECK

Tectona grandis

Autres noms : Teck de Birmanie, teck de Java, teck de l'Inde.

Provenance : Asie tropicale, Asie du Sud-Est, Afrique, Caraïbes.

Arbre : Tronc long et rectiligne, parfois strié, stabilisé par des racines palettes. Hauteur/diamètre maxi. : 45 m/1,5 m.

Bois : Très durable. Résistant. Fil droit ou ondé, grain grossier irrégulier. Huileux au toucher. Le teck de Birmanie arbore une couleur brun-dorée, alors que les autres variétés offrent un bois plus foncé au veinage plus marqué. Convient assez bien au cintrage.

Applications courantes : Menuiserie intérieure et extérieure. construction navale, mobilier de jardin, tournage, contreplaqué, placage.

Façonnage : Se travaille bien à l'outillage manuel ou à la machine, mais émousse rapidement les tranchants. Collage aisé sur les surfaces fraîchement préparées.

Finition : Réagit bien à la mise en teinte, au vernissage et à encaustiquage et se prête volontiers aux finitions à l'huile.

Poids moyen sec : 640 kg/m^3.

● **Menacé**

TILLEUL AMÉRICAIN

Tilia americana

Autre nom Tilleul noir

Provenance : États-Unis, Canada

Arbre : Tronc rectiligne dénué de branches sur la majeure partie de la découpe. Hauteur/diamètre moyens. : 20 m/0,6 m.

Bois : Non durable. Tendre et fragile. Plus léger que le tilleul d'Europe (*Tilia vulgaris*). fil droit, grain serré et régulier. Bois de printemps et bois d'été pratiquement indistincts. Couleur crème à la coupe, virant au brun pâle à la lumière.

Applications courantes : Sculpture, tournage, menuiserie, maquettisme, touches de piano, planches à dessin, contreplaqué.

Façonnage : Se travaille bien aux outils manuels ou à la machine. Coupes franches. Fini lisse. Collage aisé.

Finition : Prend bien la teinte. Beau lustré.

Poids moyen sec : 640 kg/m^3.

TILLEUL D'EUROPE

Tilia vulgaris

Autre nom : Tilleul

Provenance : Europe

Arbre : Tronc dénué de branches. Hauteur/diamètre maxi. : 30 m/1,2 m.

Bois : Non durable, mais réagit bien aux traitements de protection. Résistant et peu susceptible de se fissurer, ce qui le destine naturellement à la sculpture et au tournage. Fil droit, grain serré et régulier. Couleur jaune pâle uniforme, virant au brun clair à la lumière. Aubier indistinct.

Applications courantes : Sculpture, tournage, fabrication de jouets, supports de chapeaux, manches à balais, harpes, caisses de résonance et touches de piano.

Façonnage : Se travaille bien à l'outillage manuel ou à la machine, avec des tranchants bien affûtés. Collage aisé.

Finition : Prend bien la teinte. Beau lustré.

Poids moyen sec : 560 kg/m^3.

OBECHE

Triplochiton scleroxylon

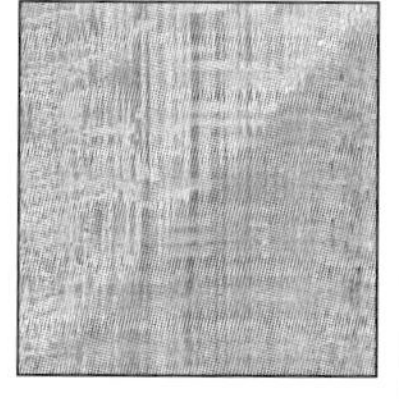

Autre nom : Samba

Provenance : Afrique occidentale

Arbre : Tronc stabilisé par de grosses racines palettes. Hauteur/diamètre maxi. : 45 m/1,5 m.

Bois : Non durable. Tendre et léger. Fil droit ou entremêlé, grain fin et régulier. Aubier pratiquement indistinct du duramen. Couleur blanc-crème à jaune pâle uniforme.

Applications courantes : Menuiserie intérieure, mobilier, maquettes, contreplaqué.

Façonnage : Se travaille bien à l'outillage manuel ou à la machine avec des tranchants bien affûtés. Collage aisé.

Finition : Admet la mise en teinte et réagit bien au lustrage.

Poids moyen sec : 390 kg/m^3.

● **Menacé**

ORME BLANC AMÉRICAIN

Ulmus americana

Autres noms : Orme d'Amérique

Provenance : Canada, États-Unis

Arbre : De dimensions variables, présente une hauteur moyenne de 27 m sur 0,50 m de diamètre. Dans de bonnes conditions de croissance, peut dépasser cette taille.

Bois : Non durable. Résistant, plus dur que l'orme commun (voir ci-contre), convient aussi bien au cintrage à la vapeur. Fil généralement droit, parfois entremêlé. Duramen brun-rougeâtre pâle.

Applications courantes : Construction navale, outils agricoles, tonnellerie, mobilier, placage.

Façonnage : Se travaille bien à l'outillage manuel ou à la machine avec des tranchants bien affûtés. Collage aisé.

Finition : Prend bien la teinte. Lustré satisfaisant.

Poids moyen sec : 580 kg/m^3

ORME CHAMPÊTRE

Ulmus hollandica/U. procera

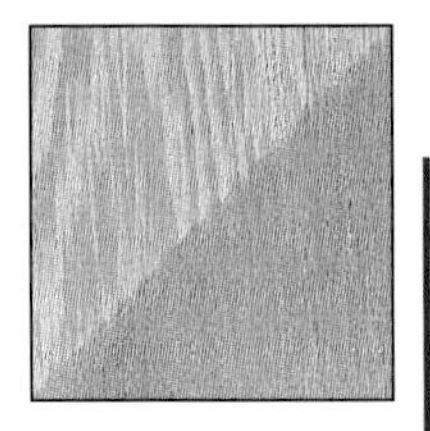

Autres noms : Orme commun

Provenance : Europe

Arbre : Hauteur/diamètre maximum : 45 m/2,5 m. Les ormes sont généralement abattus lorsque le diamètre du tronc atteint 1 m.

Bois : Non durable. Grain grossier. Aubier brun-crème. Cernes irréguliers très apparents. L'orme de Hollande est plus résistant que les variétés anglaises. Bénéficiant d'un rythme de croissance plus régulier, son fil est plus droit, ce qui le destine davantage au cintrage. Victime de la maladie des ormes, il est désormais difficile à se procurer.

Applications courantes : Ébénisterie, construction navale, tournage, placage.

Façonnage : Les pièces à fil irrégulier sont parfois difficiles à travailler, surtout au rabotage. Fini lisse. Collage aisé.

Finition : Prend bien la teinte. Particulièrement adapté aux finitions à la cire. Beau lustré.

Poids moyen sec : 560 kg/m^3.

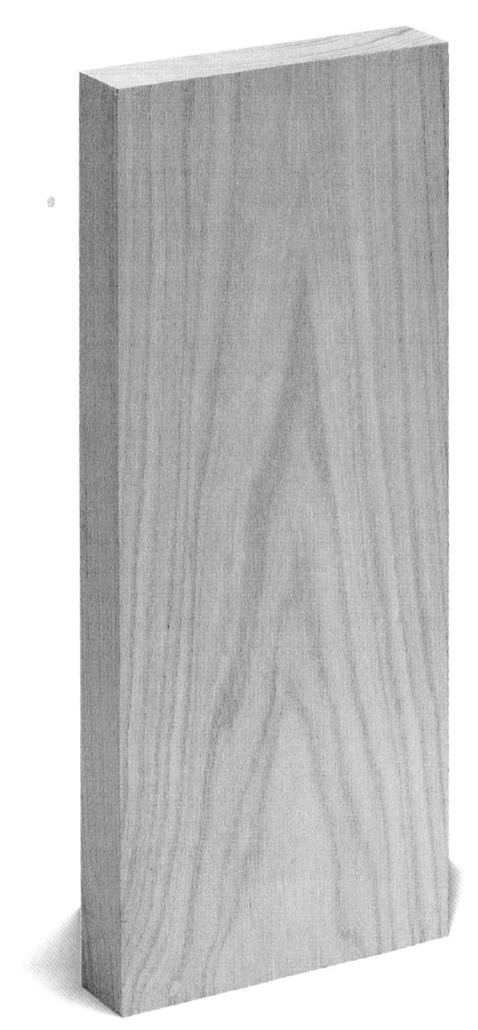

PLACAGES

Les placages sont de très fines feuilles de bois tranchées dans une bille pour être collées sur un support massif et rehausser ainsi les surfaces les plus insignifiantes. Choisis pour leur couleur naturelle, la richesse de leur veinage ou les superbes motifs qu'ils permettent de composer, ils confèrent un caractère exceptionnel aux meubles et objets décoratifs.

FABRICATION DU PLACAGE

Si le plaqué était autrefois moins prisé que le massif, l'excellente stabilité des panneaux manufacturés et la qualité des adhésifs mis en œuvre ont, pour un certain nombre d'applications, inversé la tendance. Les placages ont si bien retrouvé la faveur du public que pour satisfaire l'explosion de la demande, les techniques de production ont beaucoup évolué.

Choix des billes

Aucune étape de la fabrication du placage n'est laissée au hasard. Le processus repose en premier lieu sur l'expérience et le jugement de l'acheteur qui, au vu du simple aspect extérieur d'une bille, doit savoir anticiper la nature et la valeur commerciale des placages qu'elle produira. L'observation du bois de bout le renseigne sur la qualité du bois, la couleur et la largeur de l'aubier et le dessin qui apparaîtra sur les feuilles tranchées. Il lui faut également repérer les moindres défauts du bois : la présence de taches et décolorations, de nœuds plats, de fissures, de nœuds morts ou de canaux sécréteurs trop larges risquent en effet de nuire à l'esthétique des placages. A un œil sûr, l'acheteur doit allier une intuition infaillible, car ces imperfections ne sont réellement visibles que sur la première coupe longitudinale de la bille... qu'il ne pourra effectuer qu'après avoir acheté la pièce !

Lambris et sièges en contre-plaqué habillé de placage,

Fentes de déroulage

Les trancheuses et dérouleuses ressemblent à d'immenses rabots capables de trancher de très fines épaisseurs. Pour une coupe franche et soignée, l'ouvrier ajuste la barre de pression et le couteau. Il arrive que de petites fissures (ou fentes de déroulage) apparaissent sur la face interne du placage, notamment avec la technique du déroulage (page 86)

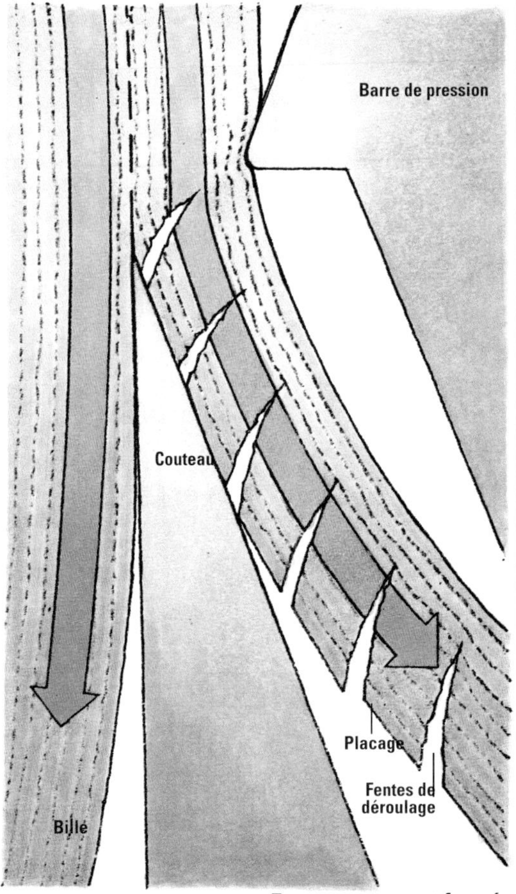

Faces ouverte et fermée

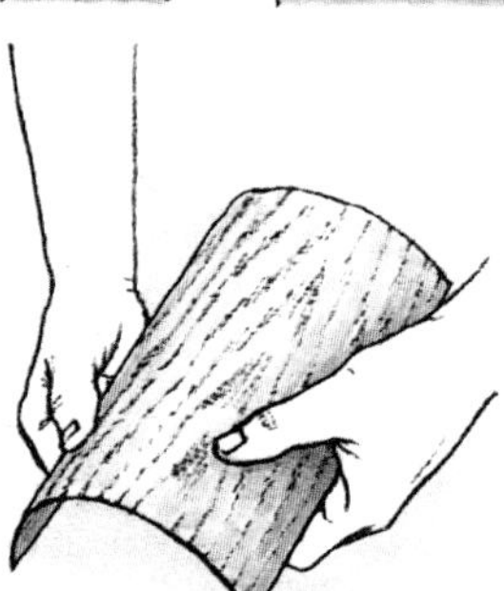

La face interne du placage est appelée face ouverte (ou déliée) et la face externe, face fermée (ou serrée). Pour les reconnaître, courbez la feuille dans le sens du fil : la face ouverte forme un arc plus convexe.

Cette face ouverte présentant une surface plus irrégulière que la face fermée, elle prend moins bien la finition. C'est donc de préférence elle que l'on encollera pour l'appliquer sur le support. Vous dérogerez néanmoins à la règle en alternant les faces pour reproduire un motif symétrique (page 99).

Préparation des billes

Avant d'être débitée en placages, la bille est ramollie soit dans un bain d'eau chaude, soit à la vapeur. Selon la méthode de débitage envisagée, la bille reste entière ou est coupée en quartiers à la scie à ruban.

Ce conditionnement peut prendre plusieurs jours, voire quelques semaines, selon la nature et la dureté du bois et l'épaisseur que l'on souhaite donner aux feuilles ou aux "plis" de contre-plaqué (page 106).

Certains bois clairs, comme l'érable et le sycomore, sont toutefois dispensés de ce traitement qui risquerait de dénaturer la couleur des placages.

Débitage

Cette phase de la production fait intervenir des ouvriers hautement spécialisés qui déterminent la méthode de débitage la plus adaptée à chaque bille, l'essentiel étant d'obtenir le plus grand nombre de feuilles d'une qualité irréprochable.

Les billes proviennent généralement de la "découpe", partie principale du fût comprise entre la souche et la première couronne de branches. Après écorçage, on vérifie que le matériau n'a été entamé par aucun corps étranger, tels que des clous ou des fils métalliques.

Aussitôt débités, les placages décoratifs sont dégagés de la dérouleuse et empilés dans l'ordre. Ils subissent alors une opération de séchage avant d'être classés.

La plupart sont ensuite massicotés afin de présenter une forme et une taille régulières. D'autres, plus précieux, comme l'if et la loupe, sont laissés tels quels.

Classement des placages décoratifs

Un contrôleur classe ensuite les placages selon des critères de taille et de qualité. Il détermine la valeur des feuilles en fonction des défauts naturels et accidents de débitage, de leur épaisseur, couleur et dessin. Une même bille peut donner des placages de qualité inégale, à des prix différents. Les placages de parement, plus beaux, plus larges et également plus chers, habilleront la face visible de la pièce, les feuilles de moindre qualité et plus étroites, ou placages de contre-parement étant meilleur marché.

Pour permettre les raccords, les placages sont réunis en lots par multiples de quatre et par classe, puis rassemblés par paquets de 16, 24, 28 ou 32 feuilles, qui seront par la suite empilés dans l'ordre de débit. Les billes ainsi reconstituées sont entreposées au frais en attendant preneur.

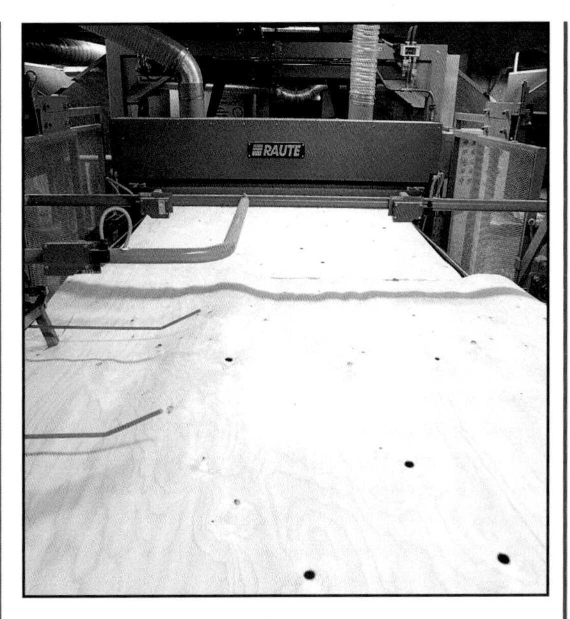

Étapes de production de plis de contre-plaqué (de haut en bas) : Feuilles entières écorcées et séchées. Découpe des plis séchés et massicotés. (opération généralement automatisée). Encollage et empilage des plis avant compression sur des panneaux de contre-plaqué.

TECHNIQUES DE DÉBITAGE

Les placages sont soit sciés, soit débités par déroulage ou tranchage, ces deux dernières techniques autorisant plusieurs variantes.

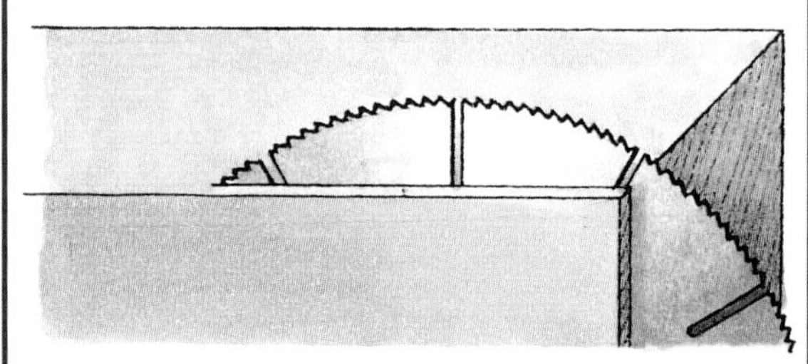

Sciage

Avant l'avènement des débiteuses, tous les placages étaient sciés à la main. Ce travail artisanal produisait des feuilles relativement grossières, pouvant atteindre jusqu'à 3 mm d'épaisseur.

Bien qu'elle soit peu rentable, cette méthode est encore utilisée pour des bois particulièrement durs, comme le bois de Gaïac, ou les pièces au fil irrégulier tels que la fourche de l'arbre — à ceci près que l'on travaille aujourd'hui à la scie circulaire électrique. Les feuilles sciées présentent une épaisseur de 1 à 1,2 mm.

Idéal pour confectionner une structure lamellée ou obtenir des feuilles parfaitement assorties, le débitage à scie à ruban ou la scie circulaire montée sur table peut également s'avérer plus économique.

Tranchage à plat d'un placage de bois dur

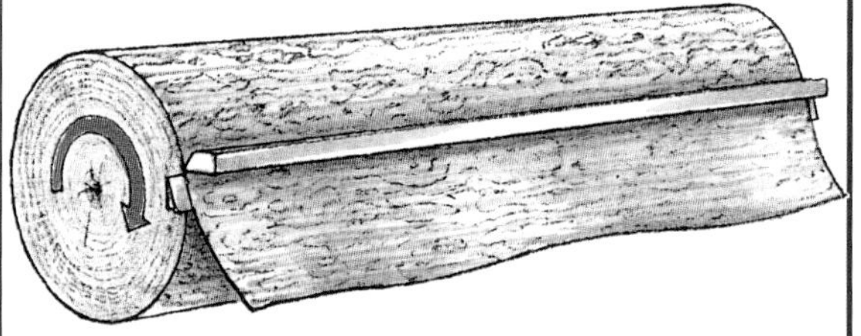

Déroulage

Généralement réservé aux bois de résineux et à la découpe de plis épais dans certains bois de feuillus, le déroulage permet aussi d'obtenir des placages décoratifs comme l'érable madré.

La bille entière est montée sur une immense dérouleuse et plaquée par une barre de pression contre un couteau couvrant toute sa longueur. L'angle d'attaque de la lame, coupant tangentiellement les cernes de croissance, doit être précisément réglé de façon à éviter les fentes (voir page 84). Le tronc pivote sur son axe à mesure du débitage, donnant ainsi un très large copeau arborant un dessin vivant et changeant au gré du fil. A chaque tour, le couteau se rapproche automatiquement de la bille, assurant ainsi une épaisseur constante.

Cette méthode, autorisant une large gamme d'épaisseurs, est particulièrement efficace pour produire des plis pour panneaux de contreplaqués.

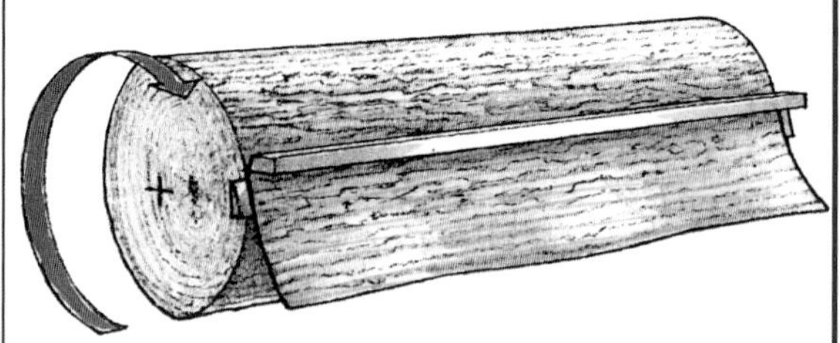

Déroulage excentrique

En décalant la bille par rapport à l'axe de la dérouleuse pour pratiquer un découpage excentrique, on obtient un large ruban sans fin de placage décoratif, présentant du bois d'aubier à chaque extrémité. Le dessin "mixte" des feuilles ressemble à celui des placages tranchés à plat sur demi-dosse.

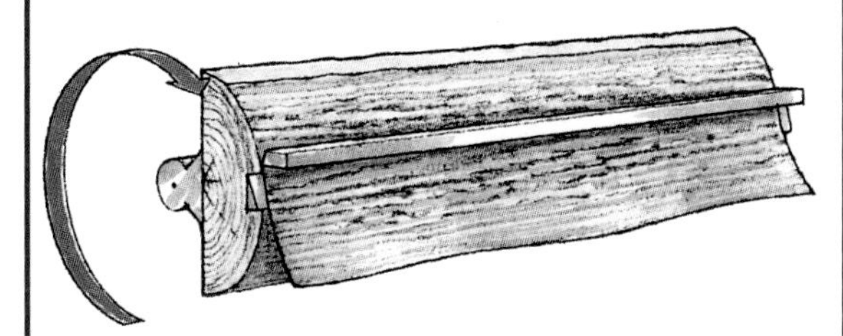

Placage semi-déroulé

Cette opération s'effectue sur un plateau de déroulage, cadre fixé sur l'axe de la machine qui maintient en décalé une demi-bille ou une bille entière. L'angle d'attaque du couteau étant plus fermé que pour le déroulage excentrique, les feuilles sont plus fines. Le dessin s'apparente à celui des placages tranchés à plat sur demi-dosse.

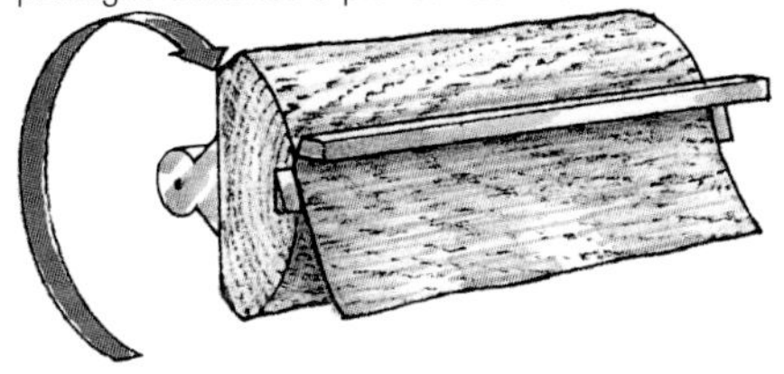

Déroulage sur âme

Ce procédé est mis en œuvre sur des demi-billes montées sur un plateau de déroulage, bois de cœur tourné vers l'extérieur. Il donne des placages au fil flammé ou elliptique des plus séduisants.

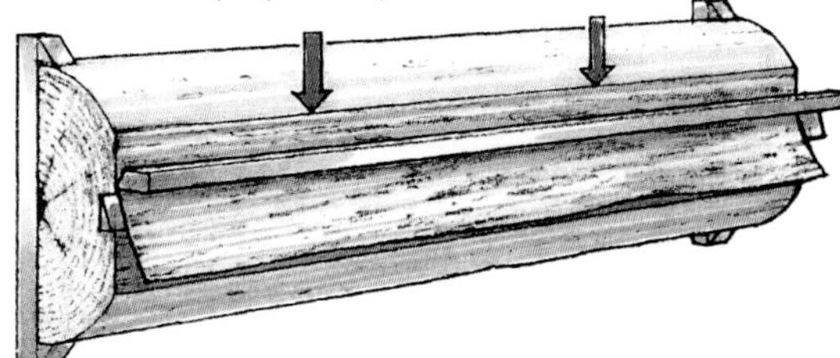

Tranchage à plat

Cette méthode est réservée au débitage de placages décoratifs sur des bois de feuillus. La bille est d'abord coupée en deux dans sa longueur, ce qui permet d'en apprécier le fil et d'anticiper le dessin qu'il formera sur les feuilles. Au besoin, on peut choisir de recouper la bille en quartiers. Le motif dépend autant de la position de la bille sur la trancheuse que de la méthode de découpe, la largeur étant déterminée par les dimensions du quartier.

La demi-bille (ou le quartier) est montée sur un cadre coulissant verticalement et plaquée entre un couteau et une barre de pression fixes. C'est le mouvement vertical du cadre qui permet de trancher une très fine feuille de placage tangentiellement aux cernes de croissance. Selon les modèles de trancheuses, c'est soit le couteau, soit la demi-bille qui se déplace automatiquement après chaque coupe pour maintenir une épaisseur constante. Les placages tranchés à plat sur demi-dosse ont le même dessin que les planches débitées sur dosse.

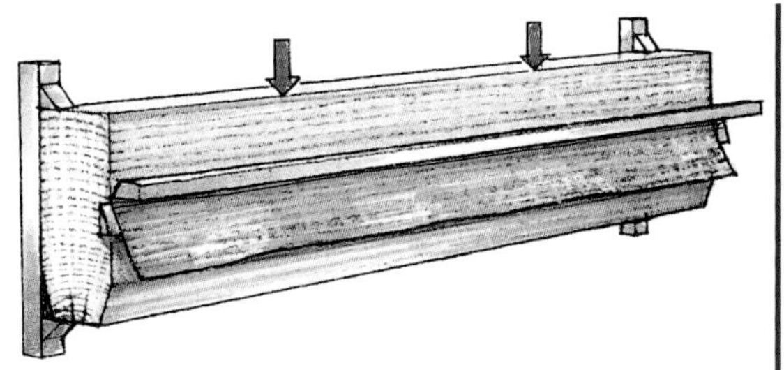

Tranchage sur maille

Pour les essences révélant en coupe radiale une maillure très distincte, les billes sont divisées en quartiers ou semi-quartiers disposés sur le cadre de sorte que la lame tranche parallèlement aux rayons ligneux. Ces placages mettent merveilleusement en valeur la maille qui, sur le chêne, dessine le fameux motif rayonné.

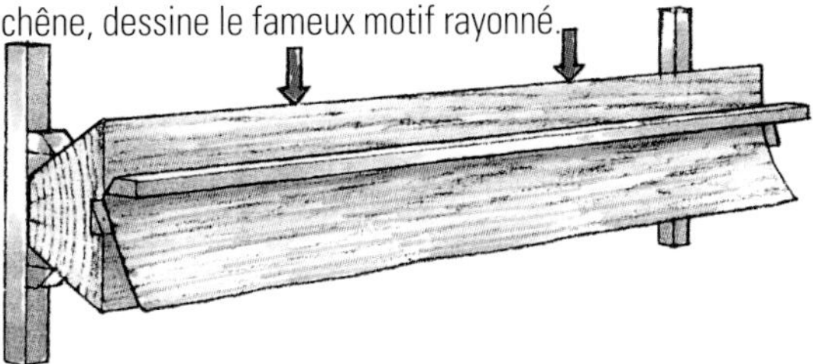

Tranchage sur quartier

Lorsque le bois de cœur d'un quartier est tourné vers l'extérieur, la lame tranche tangentiellement aux cernes de croissance. Les feuilles ainsi tranchées sur quartier sont moins larges que celles provenant de demi-dosses.

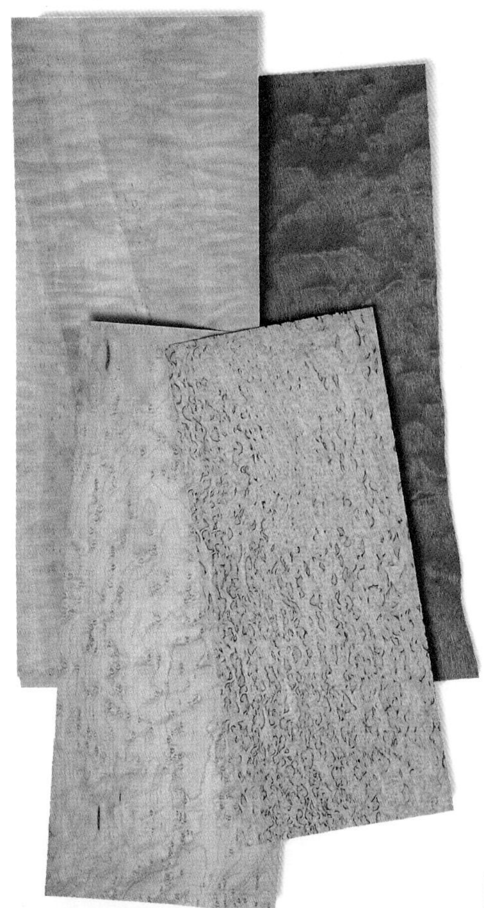

RECONNAITRE UN PLACAGE

Chaque grande famille de placages est identifiée par un nom précis, qui correspond autant aux qualités naturelles du bois qu'à la partie de la bille dont il provient et à la méthode de débitage. On parle par exemple de "placage tranché sur demi-dosse" ou de "loupe". Distinguons les placages décoratifs, d'environ 0,6 mm d'épaisseur, des placages de construction ou "plis" destinés à la fabrication de panneaux, et dont la tranche peut aller de 1,5 mm à 6 mm.

Choisir un placage

Mesurez d'abord la surface que vous souhaitez habiller et procurez-vous un lot de feuilles assorties en prévoyant une marge généreuse. Chaque feuille étant unique, vous auriez en effet par la suite beaucoup de mal à retrouver un lot assorti si vous avez calculé trop juste.

Les feuilles sont généralement vendues par paquet de quatre et, dans un même lot, se suivent dans l'ordre de débit, ce qui permet de réaliser des raccords en respectant une unité de ton et de dessin. Les fournisseurs hésitent à les céder à l'unité car le lot dont elles sont issues perdrait alors de la valeur.

Vente par correspondance

Bien qu'il soit préférable d'aller choisir un placage sur le lieu de vente, certains fournisseurs proposent d'expédier des feuilles entières, généralement enroulées. Les pièces plus petites, comme la loupe ou les placages elliptiques, vous parviendront plutôt conditionnées à plat. Lorsqu'elles sont livrées avec de feuilles roulées, elles ont pu être humidifiées pour se courber sans casser.

A réception, redoublez de précautions pour les déballer : ces placages sont d'autant plus fragiles qu'ils ont déjà subi des contraintes. Inspectez soigneusement les extrémités et, le cas échéant, recouvrez immédiatement les fentes en bout des bois clairs de papier gommé pour empêcher toute infiltration de poussière.

Si vous avez du mal à aplanir les feuilles, humidifiez-les légèrement à la vapeur ou dans un peu d'eau, puis serrez-les entre deux panneaux d'aggloméré. Méfiez-vous toutefois des moisissure.

Stockez les placages à plat en les protégeant de la poussière et de la lumière, car certaines essences risquent de s'éclaircir ou de foncer.

Gare aux défauts !

Examinez attentivement los placages et refusez systématiquement les feuilles présentant un grain grossier ou à pores larges, des fissures ou des fentes de déroulage, des traces laissées par une lame émoussée, des trous de vers ou des nœuds plats.

LOUPE

Très fragiles, les placages de loupe sont tranchés dans une excroissance maladive du tronc, offrant un superbe motif serrés de petits bourgeonnements grisâtres, semblables à des anneaux ou à des points. Très apprécié pour le mobilier, les pièces tournées et les petits objets décoratifs, c'est également le plus cher des placages. De forme irrégulière, il est disponible en diverses dimensions, variant de 150 mm à 1 m de long, et de 100 à 450 mm de large.

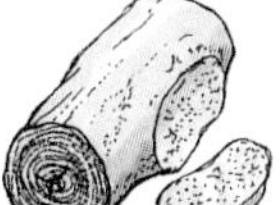

De haut en bas :
Loupe d'orme, de thuya et de frêne.

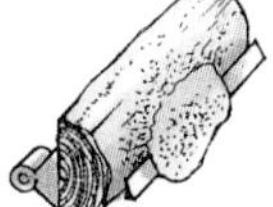

Partie de l'arbre utilisée :
Loupe.

Méthode de débitage :
Déroulage ou tranchage à plat.

RONCE

Placage de prestige, la ronce est taillée dans la souche ou le billot. La technique de semi-déroulage révèle un veinage enchevêtré et un fil tors, lui conférant un dessin marbré des plus prisés. Très fragiles, ces feuilles sont parfois trouées par endroits. Rebouchez les plus petits à l'aide d'un bouche-pores de même teinte après la pose.

De haut en bas :
Ronce de noyer d'Amérique, de frêne, bois madré de noyer d'Amérique.

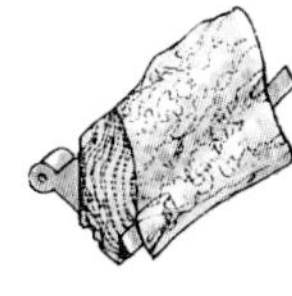

Partie de l'arbre utilisée :
Souche.

Méthode de débitage :
Déroulage sur âme.

PLACAGE MIXTE

Le placage mixte, tranché à plat tangentiellement aux cernes de croissance, arbore un séduisant motif ogival en son centre et un dessin rayé près des chants. Les feuilles font parfois plus de 2,40 m de long et, selon l'essence, entre 225 et 600 mm de large. Elles sont plus particulièrement utilisées en ébénisterie et pour le lambrissage.

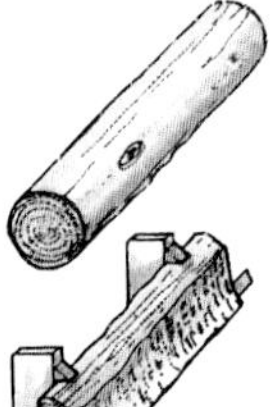

De gauche à droite :
Placage mixte de bois violet, de palissandre de Rio, de frêne, de noyer d'Amérique.

Partie de l'arbre utilisée :
Découpe.

Méthode de débitage :
Tranchage à plat sur demi-dosse.

PLACAGE RAYÉ

Particulièrement délicat, le placage rayé se distingue par une alternance de petits reflets sombres et clairs serpentant dans la largeur de la feuille. Ce motif est caractéristique de certaines essences au fil ondulé, notamment du frêne et de l'érable sycomore "dos de violon", placage de prédilection des luthiers. Les ébénistes tirent volontiers parti de ce dessin gracieux pour souligner l'horizontalité des lignes sur les portes de buffet ou les panneaux, par exemple.

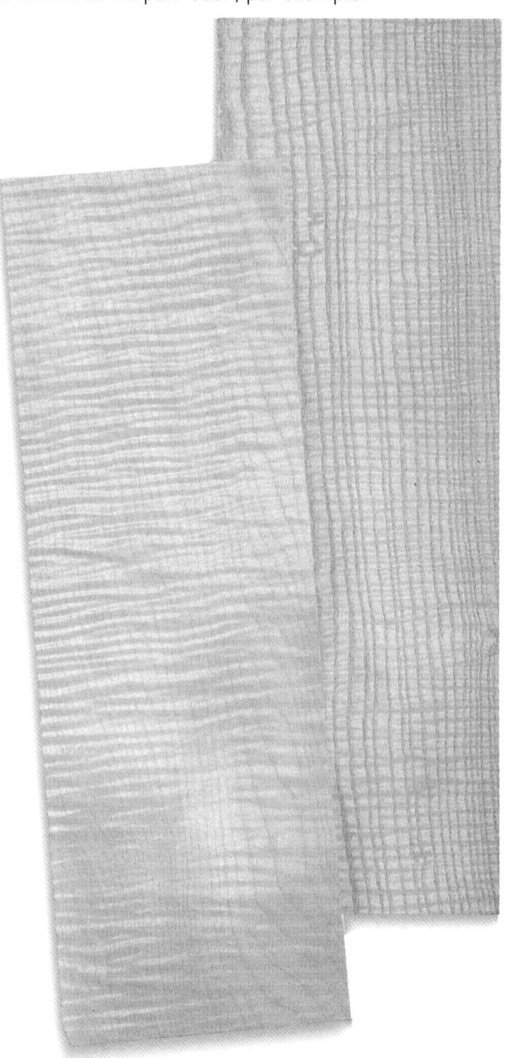

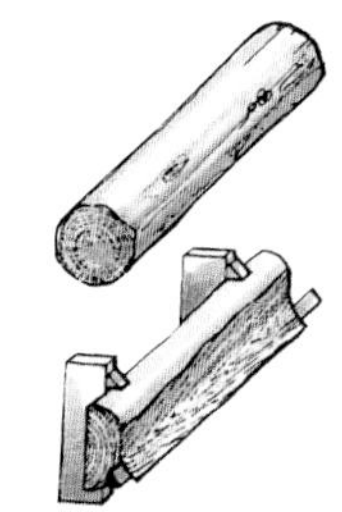

De gauche à droite :
Érable sycomore "dos de violon", frêne ondé

Partie de l'arbre utilisée :
Découpe

Méthode de débitage :
Tranchage à plat.

PLACAGE ELLIPTIQUE

Taillé perpendiculairement aux cernes dans la fourche de l'arbre, l'elliptique révèle le fil tors de la naissance des branches, dessinant un motif presque symétrique rappelant des plumes ébouriffées. Rehaussé par un aspect satiné, ce ramage, particulièrement décoratif sur l'acajou, orne avec bonheur les portes de buffet à panneau. Les feuilles d'elliptique mesurent généralement entre 300 mm et 1 m de long et 200 à 450 mm de large.

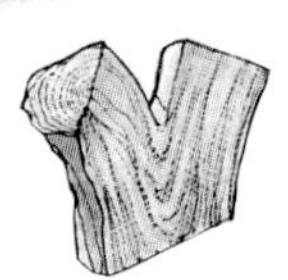

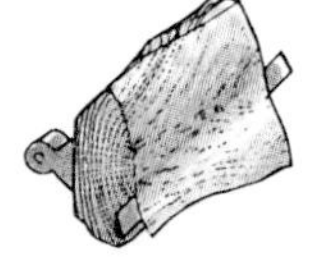

De haut en bas :
Elliptique d'acajou et de noyer.

Partie de l'arbre utilisée :
Fourche.

Méthode de débitage :
Déroulage sur âme.

PLACAGE FANTAISIE

Le déroulage des bois de feuillus au fil irrégulier ou tourmenté fournit des placages aux motifs les plus originaux qui, selon les cas, offrent un aspect piqué, moiré ou "boursouflé". Les exemples les plus spectaculaires sont sans conteste l'érable madré et le bouleau moucheté. Ainsi, les petites taches aléatoires ornant le bouleau sont l'œuvre de larves qui s'attaquent au cambium de l'arbre sur pied.

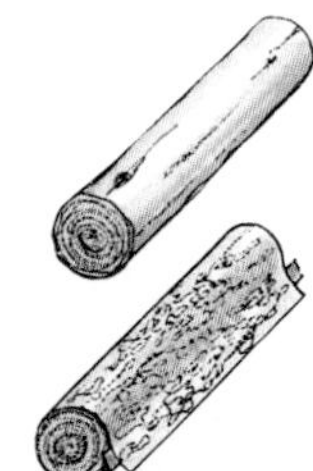

De gauche à droite :
Makoré piqué, bouleau moucheté, érable madré, saule piqué

Partie de l'arbre utilisée :
Découpe

Méthode de débitage :
Déroulage

PLACAGE À ARÊTES

Sur certains bois présentant des rayons ligneux très apparents, tels que le chêne ou le platane, le tranchage sur maille révèle un dessin des plus subtils. Ainsi, le fil ondé ou légèrement tacheté du platane donne le fameux "bois de dentelle". Sur le chêne, la maillure dessine le célèbre "rayonné", si prisé des ébénistes et du plus bel effet sur les lambris. Selon l'essence, les feuilles de placage à arête peuvent dépasser 2,40 m de long, sur 225 à 600 mm de large.

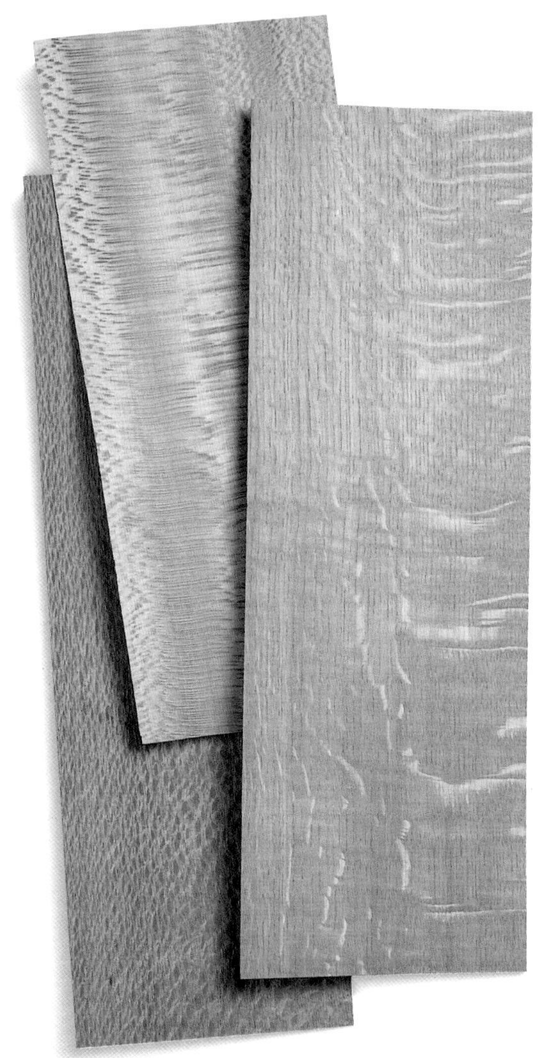

De gauche à droite :
Chêne satiné sur maille, platane "bois de dentelle", chêne "rayonné"

Partie de l'arbre utilisée :
Découpe

Méthode de débitage :
Tranchage sur maille

PLACAGE VEINÉ

Lorsque la coupe est effectuée perpendiculairement aux cernes de croissance par tranchage sur maille, les feuilles de placage arborent un motif à rayures ou "rubané". Sur les essences à fil alterné, l'orientation changeante des cellules dessine un veinage de bandes claires et sombres très tranchées, qui semblent faire jouer la lumière, particulièrement sur les rebords. Ces feuilles sont proposées dans le commerce en 2,40m de long ou plus, sur 150 mm à 225 mm de large.

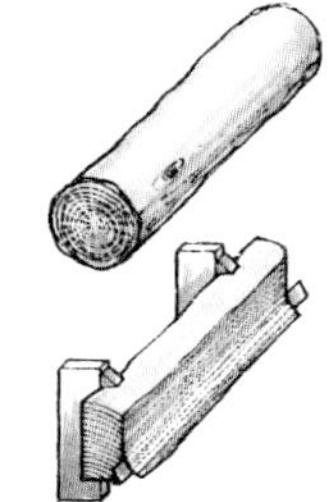

De gauche à droite :
Zingana veiné, sipo rubané, movingui rubané

Partie de l'arbre utilisée :
Découpe

Méthode de débitage :
Tranchage sur maille

PLACAGE COLORÉ

Les fournisseurs spécialisés proposent des placages artificiellement colorés, issus de bois clairs, comme l'érable sycomore et le peuplier. Ainsi, soumis à un traitement chimique, l'érable sycomore décline une palette de gris aux reflets plus ou moins argentés, pour donner les placages "bois de lièvre". Les placages colorés sont parfois étuvés sous haute pression afin d'assurer une pénétration maximale de la teinte.

De haut en bas :
Turquoise, placage bleu, vert, "bois de lièvre"

Méthode de coloration :
Le "bois de lièvre" (érable sycomore) est immergé dans une solution au sulfate de fer. Les autres placages colorés industriels sont obtenus par étuvage.

PLACAGE DE SYNTHESE

Les techniques d'imagerie de synthèse permettent de fabriquer de toutes pièces des placages décoratifs aux motifs les plus extraordinaires. Qu'ils reproduisent des dessins classiques ou fantaisistes, ils affichent un fil, une couleur et une texture de qualité exceptionnelle. Les feuilles "imprimées" par numérisation d'image sont d'abord teintes, puis encollées et pressées pour former un bloc massif, et enfin retranchées à plat. Elles sont disponibles en 700 mm de large sur 2,40 à 3,40 m de long et dans une épaisseur de 0,3 mm à 3 mm.

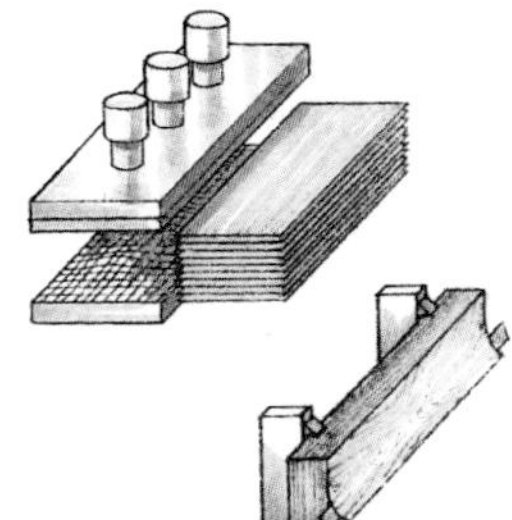

De haut en bas :
Motif géométrique rayé, mosaïque géométrique, motif fantaisie, motif mixte

Méthode de fabrication :
Serrage

Méthode de débitage :
Tranchage sur maille

FILETS ET FRISES

Taillés dans les essences les plus décoratives, filets et frises suffisent à rehausser une bordure de meuble ou un plateau de table. Les filets sont généralement vendus au mètre linéaire. D'un lot à un autre, le bois peut présenter différentes tonalités. Pour parer à toute éventualité, prévoyez une marge en calculant les longueurs nécessaires.

Filets simples

Sobres et unis, les filets simples sont de fines lamelles ou baguettes de bois clair ou foncé, qu'exploitent les ébénistes pour mettre en valeur les ouvrages plaqués. Autrefois, seuls le buis et l'ébène avaient la faveur des artisans, mais le commerce propose aujourd'hui un grand choix de bois teintés fort élégants. Disposés en bordure d'un placage ou incrustés entre deux feuilles posées à contre-fil, ils exaltent par leur simplicité le veinage des autres essences.

Filets composés et frises

Les filets composés sont assemblés à partir de petites sections de bois durs de diverses couleurs disposées à fil croisé. Utilisées pour décorer les bordures, ces languettes habillées de buis ou d'ébène sur leurs chants mesurent environ 1 mm d'épaisseur et sont proposées en plusieurs largeurs.

Les frises sont des bandelettes de placage coupées en travers fil qui se posent également en bordure d'un ouvrage. Qu'elles reprennent l'essence de la surface plaquée ou qu'elles tranchent par leur couleur, elles doivent impérativement être taillées dans un bois à fil droit.

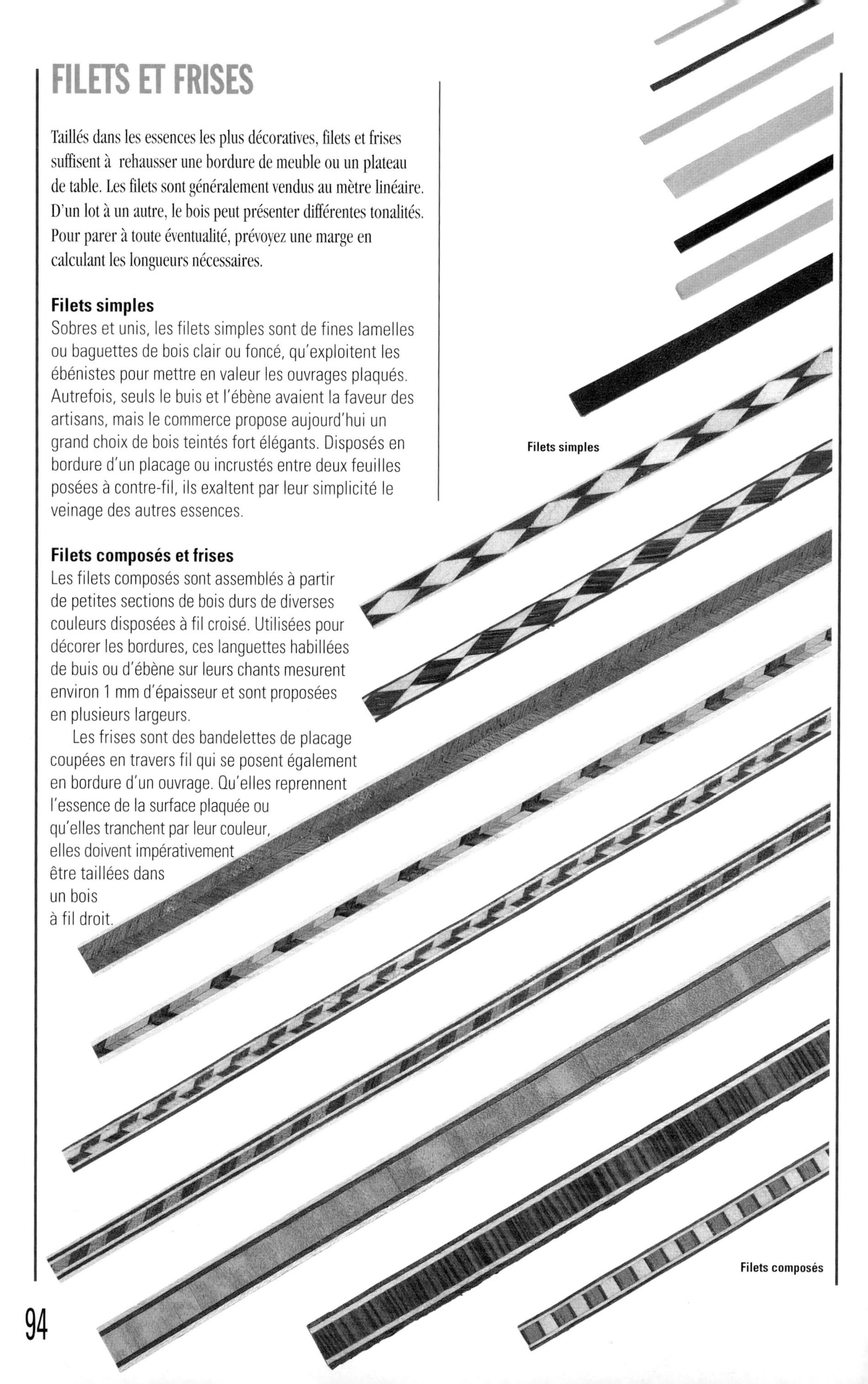

Filets simples

Filets composés

OUTILS DE PLACAGE

La panoplie classique de l'ébéniste comporte déjà un certain nombre d'outils adaptés aux travaux de placage : instruments de mesure et de traçage, établi, scie à découper, rabots bloc et à affleurer, ciseaux, racloirs et matériel de ponçage. Vous trouverez dans le commerce la plupart des outils spécialisés indiqués ci-après, et au besoin, confectionnez vous-même une planche à dresser ou un tarabiscot.

Quelques outils de placage

Bain-marie
Pour poser les placages, les artisans utilisent généralement de la colle animale, préalablement chauffée au bain-marie. Ce pot gigogne, dont la partie extérieure est remplie d'eau chaude, maintient la colle à température idéale et l'empêche de brûler. Autrefois en fonte, les bains-marie sont aujourd'hui des récipients en aluminium à poser sur une plaque électrique ou brûleur à gaz. Il existe également des bain-marie électriques à thermostat.

Rabot à dents
Cet outil sert à préparer le support, qui doit offrir une bonne surface d'accrochage à la colle. La lame, orientée presque perpendiculairement à l'ouvrage, est finement rainurée sur la face avant et le biseau de la face arrière présente une série de dentures semblables à une scie. L'affûtage se fait sur le biseau.

Emporte-pièce
Indispensables pour réparer les placages, les emporte-pièce sont des outils très simples : l'embout tranchant, actionné par un poussoir à ressort, sert à enlever le bois autour d'une partie endommagée et à découper la greffe correspondante dans une feuille de même essence. Ayez un petit assortiment parmi les huit calibres standard.

Pointes à placage
Munies d'une tête en plastique, ces petites pointes servent à positionner les feuilles de placage pendant la pose du papier gommé sur les joints.

Scie à placage
Guidée par une règle, la scie à placage convient à toutes les épaisseurs de placage. Sa coupe parfaitement rectiligne assure des raccords très précis. La lame réversible présente sur chaque tranchant une denture arrondie de petites dents sans voie, ce qui évite les éclats de sciage.

Canifs
Les lames fines et effilées des scalpels, canifs et cutters permettent de découper les formes les plus complexes. Pour obtenir un tranchant en V, elles sont affûtées des deux côtés. Pour une coupe d'équerre sur un rebord de placage, on incline l'outil contre un guide. Lorsque l'épaisseur du placage impose une certaine pression, choisissez une lame rigide taillée en biseau pour pratiquer une coupe parfaitement droite.

Règles
Pour les petits travaux, guidez le tranchant de l' outil sur une simple règle métallique. Préférez un réglet en acier pour les coupes plus longues. Les règles "de sécurité" en acier profilé, munies d'une poignée centrale, assurent une bonne prise en main et empêchent l'ouvrage de glisser pendant la coupe.

Papier gommé
Il sert à maintenir les feuilles de placage en place et à empêcher les raccords fraîchement collés de se désolidariser sous l'effet du retrait. Après séchage, il s'enlève à l'éponge humide et au racloir.

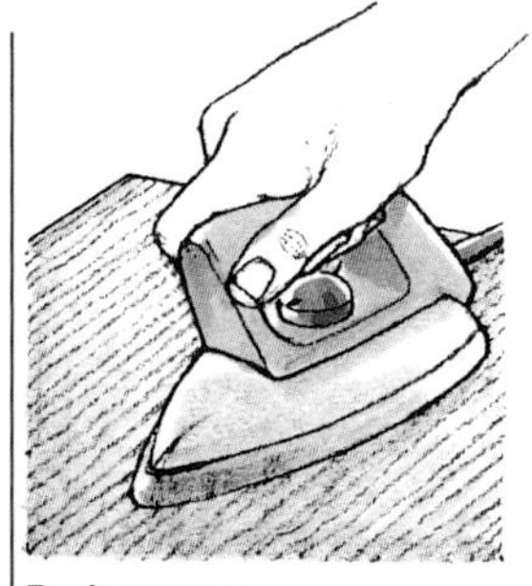

Fer à repasser
Pour les ouvrages plaqués au marteau, utilisez un vieux fer à repasser pour ramollir la colle animale appliquée sur le support et la face d'encollage du placage.

Marteaux à plaquer
Alliés indispensables du placage à la main, ces marteaux dotés d'une large panne en laiton, arrondie et montée sur une tête en bois dur, servent à chasser les bulles d'air et les amas de colle formés sous le revêtement. Sur les modèles métalliques, la tête permet d'aplanir les cloches.

Griffe à araser les chants
Conçus pour éliminer les bandes de placage dépassant des chants d'un panneau, ces outils sont généralement équipés d'une petite lame réglable qui, bien affûtée, exécute des coupes franches et nettes aussi bien dans le fil qu'en travers fil.

Tapis de coupe
Les panneaux durs et revêtus d'un revêtement lisse, tels que l'isorel, sont certes aussi économiques que pratiques pour effectuer des coupes. Si vous craignez néanmoins que les entailles successives ne finissent par émousser le tranchant des outils et compromettre la rectitude des tracés, optez pour une plaque de découpe à surface auto-cicatrisante.

SUPPORTS DE PLACAGE

Ne choisissez pas à la légère le support que vous envisagez de plaquer en espérant qu'un revêtement décoratif suffira à camoufler ses imperfections. Qu'il soit dressé ou cintré, sa surface doit être rigoureusement lisse, uniforme et dépoussiérée. Car bien loin de masquer les défauts, la mince feuille de placage les ferait impitoyablement ressortir sous la finition, et votre bel ouvrage serait à refaire !

Bois massif ou panneau reconstitué ?
Si le pin et l'acajou ont longtemps été les supports de prédilection des plus beaux placages d'ébénisteries, ils sont désormais largement détrônés par les panneaux manufacturés (pages 106-114). Le bois massif étant en effet très sensible aux variations hygrométriques, il a tendance à travailler et à se déformer, et exige une préparation minutieuse. Pour les pièces volumineuses, on lui préfère par conséquent les panneaux lattés ou lamellés, beaucoup plus stables, plus faciles à travailler et disponibles en grandes dimensions.

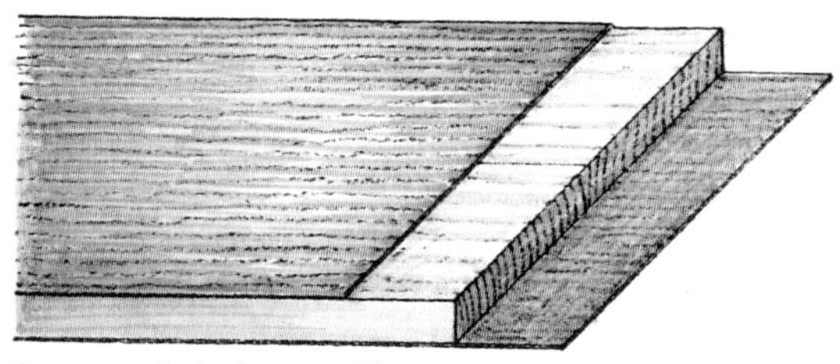

Support de bois massif
Le fil du placage et du bois doivent être orientés dans le même sens. Préférez plaquer les deux faces d'une planche afin d'éviter de gauchir le support en cas de retrait. Les sciages sur quartier sont les plus stables puisqu'ils ne subissent qu'un léger retrait dans leur largeur et leur épaisseur.

Si néanmoins vous envisagez de ne plaquer qu'une face d'une planche débitée sur dosse, choisissez toujours le "côté cœur" : la planche ayant tendance à tuiler en direction de l'aubier, le placage compensera cette déformation à mesure que la colle prendra.

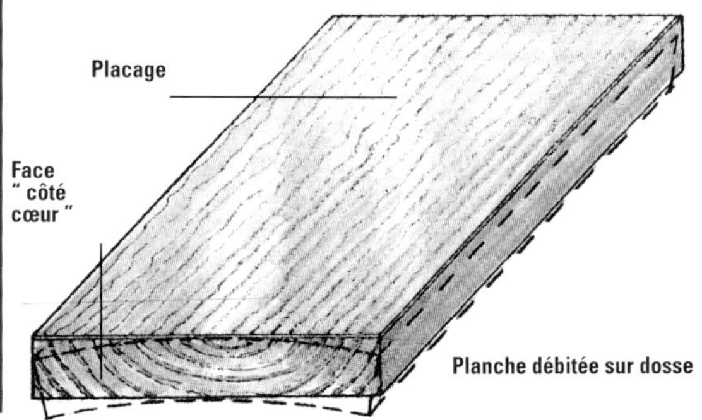

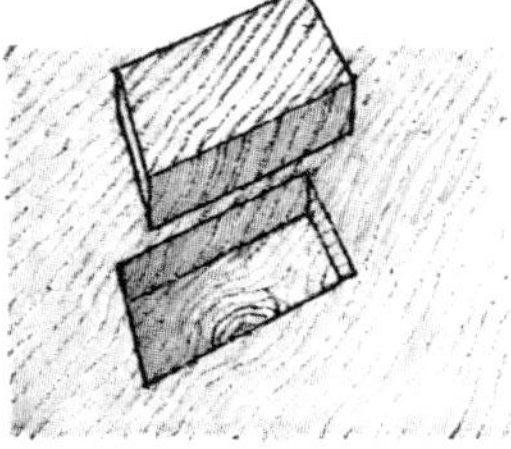

Greffe en losange

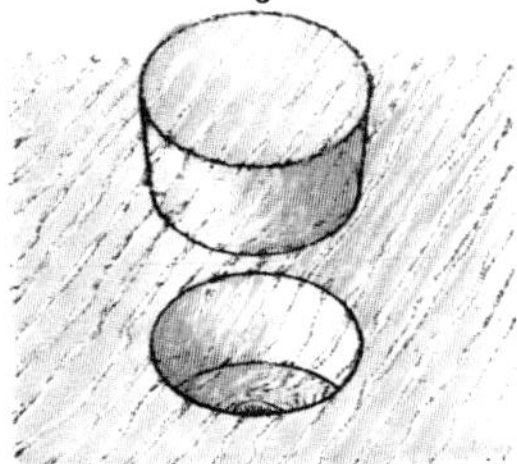

Greffe circulaire

Support abîmé
Au besoin, vous pourrez éliminer les inévitables petits nœuds et autres imperfections mineures. Creusez ou percez un petit logement rond ou en losange autour du défaut puis colmatez-le à l'aide d'une greffe de forme identique. Veillez à poser cette greffe dans le sens du fil. Si elle est légèrement plus épaisse, arasez-la proprement au rabot après collage.

Panneaux lamellés
La plupart des panneaux contreplaqué, lattés ou lamellés sont prêts à recevoir un placage. Il suffit de les découper aux dimensions voulues puis de préparer une surface d'ancrage et de les encoller. Si le sens du fil de la feuille de placage coïncide avec celui du panneau, posez préalablement un placage intermédiaire en travers-fil.

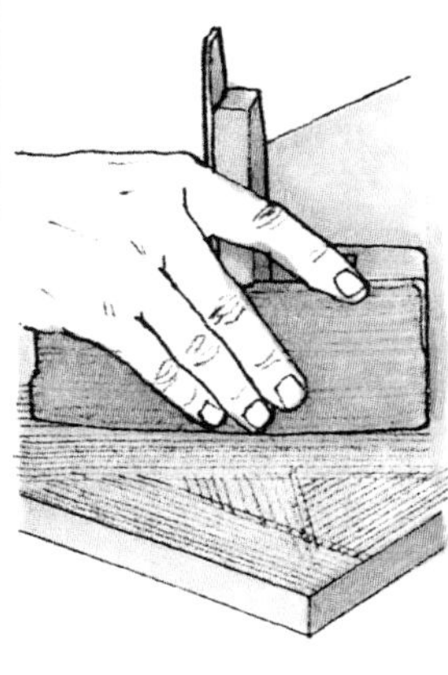

Surface d'ancrage
Pour améliorer l'adhérence de la colle, tous supports (massif ou lamellé), doivent être "ruginés" : rayez la surface au rabot à dents par passes diagonales et croisées ; à défaut, passez une scie à dos en travers fil. Dépoussiérez soigneusement avant d'appliquer l'apprêt de colle.

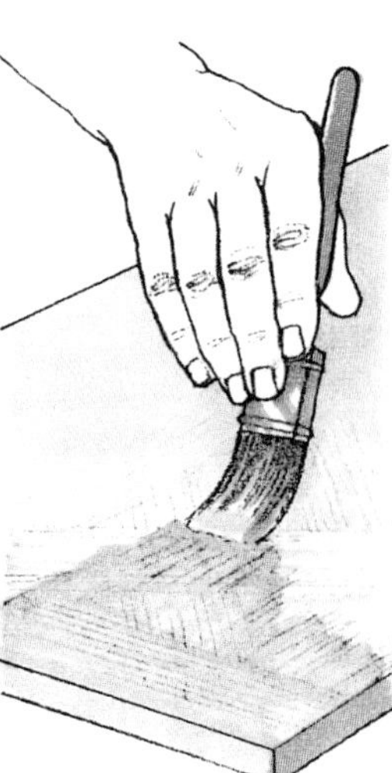

Encollage
Le pré-encollage s'effectue à chaud, avec de la colle animale (voir page 100) diluée dans dix volumes d'eau (ou une colle à papier peint appliquée à froid). Étendez la colle sur la surface ruginée et recouvrez les chants. Le temps de prise dépend de la capacité d'absorption du support. Après séchage, poncez à main légère.

SUPPORTS CINTRÉS

La souplesse des feuilles de placage les destine à habiller les supports cintrés. Elles se courbent aisément dans le sens du fil et, légèrement humidifiées, épousent même les lignes galbées en travers-fil. Nous proposons ci-dessous plusieurs variantes de supports cintrés, mais pensez également au lamellé (voir page 34).

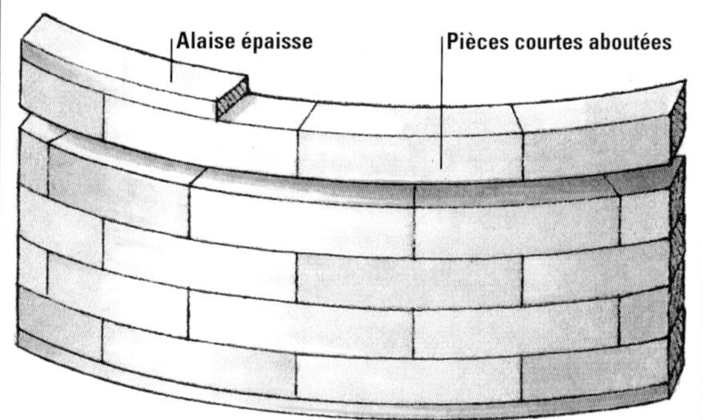

Structure "coupe de pierres"
Assemblée à partir de pièces courtes, cette structure classique remplace avantageusement le bois massif pour la confection de façades de tiroirs cintrées. Autre atout, les fibres du bois épousant plus ou moins la courbe du support, cet agencement compense la fragilité du fil des pièces étroites.

Taillées dans le bois massif, les pièces sont biseautées à leurs extrémités et collées bout à bout pour former une courbe ; reprenant la technique de disposition en "coupe de pierres" des maçons, on décale chaque couche par rapport à la précédente, de façon à renforcer les assemblages. Après rabotage, le support lisse est prêt à recevoir le placage.

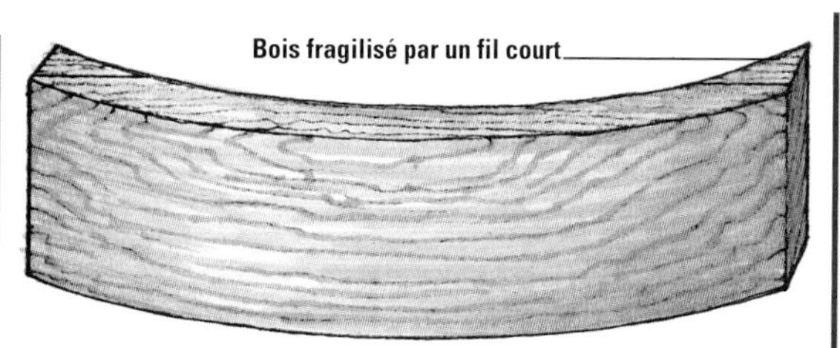

Cintrage du bois massif
Pour un ouvrage de petite taille présentant une courbe peu prononcée, taillez une seule pièce de bois massif à la scie à ruban. Finissez les arrondis au rabot cintré et à la vastringue puis ruginez la surface au rabot à dents.

Garnies de feutre épais, les chutes peuvent être utilisées comme cales de serrage (voir page 103).

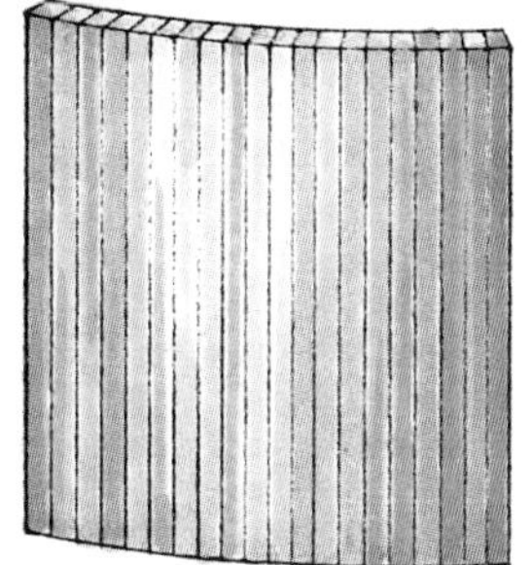

Structure "tonnellerie"
Les supports de plus grande taille, comme les portes cintrées, sont fabriqués à partir de lattes de bois biseautées et collés chant sur chant. Rabotez les chants des lattes à l'angle voulu puis aboutez-les avant de les placer dans une forme de serrage construite spécialement (voir ci-dessous). Selon la taille des lattes et du support, un simple ruban adhésif peut également assurer la cohésion de la structure. Après séchage, passez la surface au rabot cintré et ruginez-la avant de poser à la cale le placage en fil croisé (voir page 102).

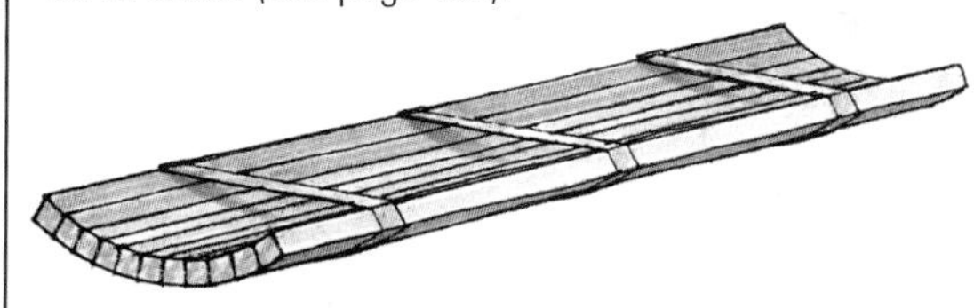

Petit support serré au ruban adhésif

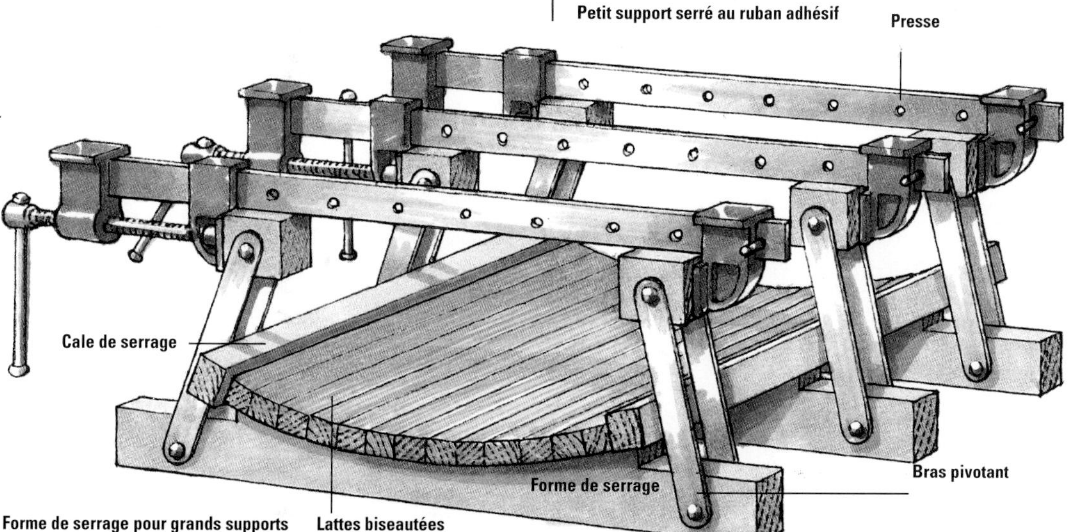

Forme de serrage pour grands supports

PRÉPARATION DU PLACAGE

Après préparation parfois laborieuse d'un support sain et résistant, il n'est rien de plus gratifiant que de déployer les feuilles de placage et d'agencer leur dessin pour tirer le meilleur parti des jeux de lignes et de couleurs.
Lorsque vous aurez choisi l'essence, optez pour de simples raccords ou laissez libre cours à votre imagination et à votre créativité pour recouper les feuilles et les marier afin d'habiller votre ouvrage des motifs harmonieux.

Rangement et manipulation des placages
Redoublez de soin et d'attention pour manipuler les fines épaisseurs de placage, extrêmement fragiles. Rangez les feuilles à plat, dans l'ordre du débit, afin de pouvoir reconstituer aisément le dessin d'ensemble. Ne tentez jamais de tirer une feuille située au milieu ou au fond d'une pile ; soulevez tout d'abord celles du dessus, et replacez-les rigoureusement dans le même ordre. Mettez-vous à deux pour manipuler les grandes longueurs trop minces pour être roulées.

Replanissage à l'eau...
La plupart des placages doivent être remis à plat avant leur mise en œuvre, c'est-à-dire juste avant la pose.

1 Humidification
Si les feuilles sont légèrement gondolées, humidifiez-les délicatement au fer à vapeur (position "soie"), trempez-les brièvement dans l'eau ou appliquez dessus une éponge humide.

2 Mise sous presse
Placez ensuite la feuille entre deux plaques de panneaux de particules et laissez sécher. Pour éviter tout "faux pli", serrez l'ensemble à l'aide de serre-joints ou de poids.

... ou à la colle
Sur des placages voilés ou craquelés, l'opération sera plus efficace si vous les enduisez d'une légère couche de colle à papier peint ou d'une solution très diluée de colle animale (voir page 100). Serrez-les ensuite entre deux panneaux isolés par une fine feuille de polyéthylène et laissez sécher toute une journée – ou moins si vous avez pris soin de préchauffer les panneaux de serrage.

Disposition des feuilles
Sur les supports plus larges que les feuilles de placage, il faut raccorder plusieurs pièces pour recouvrir l'ensemble de l'ouvrage. A vous de jongler habilement avec le veinage et les tonalités du bois.

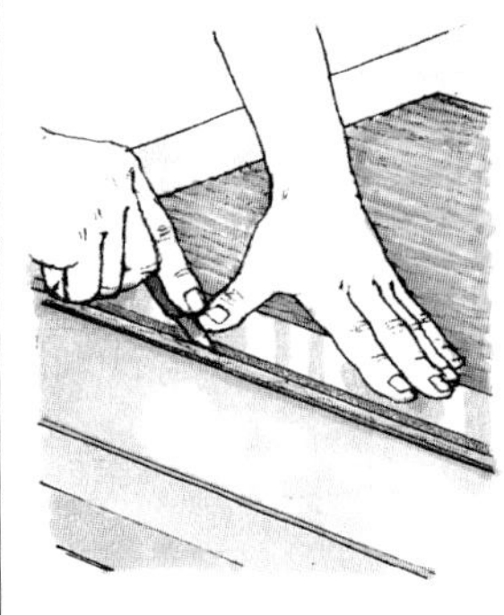

Principe du raccord
Déployez deux feuilles de placage consécutives, et faites chevaucher leur chant mitoyen sur 25 mm, en alignant les lignes du motif. Fixez-les avec quelques pointes à placage. Cette jonction devant être rectiligne, placez une règle à peine en retrait du trait de coupe, appuyez fortement sur ce guide, et tranchez les deux épaisseurs au cutter ou à la scie à placage. Vérifiez la précision du raccord en le regardant en lumière rasante. Si quelques retouches s'imposent, serrez le placage entre deux tasseaux droits et affleurez au rabot.

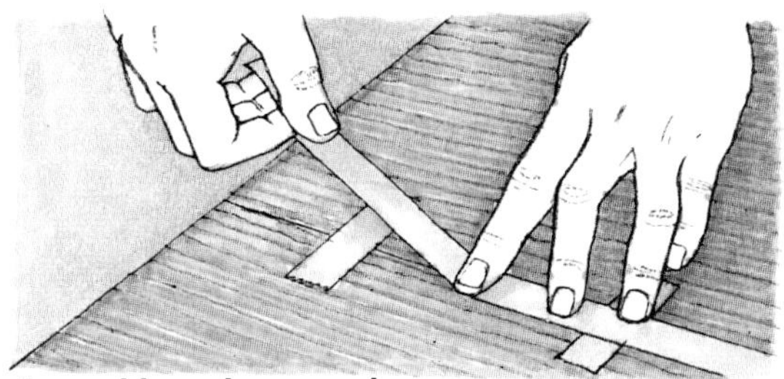

Assemblage du raccord
Remettez les deux feuilles, assemblez-les chant sur chant avec deux ou trois bandes de papier gommé perpendiculaire au raccord, à 15 cm d'intervalle. Terminez par une bande posée sur toute la longueur du joint. En

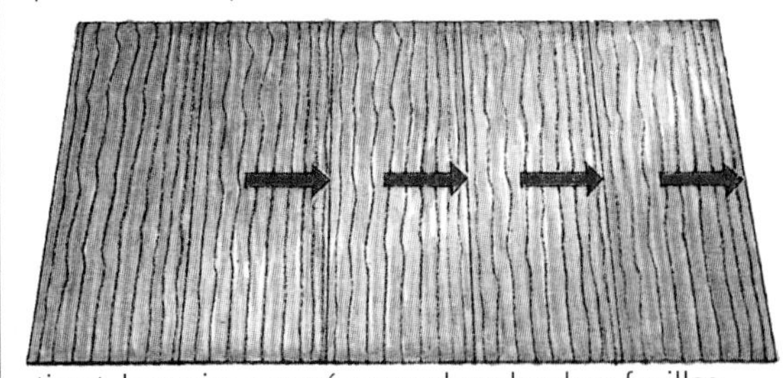

tirant, le papier gommé rapprochera les deux feuilles.

Raccord simple
Pour reconstituer une grande largeur de placage, le plus simple consiste à faire glisser les une sur les autres plusieurs feuilles consécutives et à les assortir sans modifier le sens du fil. Les placages veinés s'accommodent bien de cette technique. En revanche, lorsque le fil n'est pas parallèle au chant, recoupez les feuilles pour obtenir un raccord aussi convaincant que possible.

Raccord déployé

Lorsque le dessin de deux feuilles consécutives est orienté vers un bord, il appelle généralement un raccord déployé.

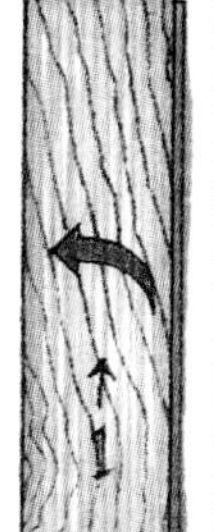
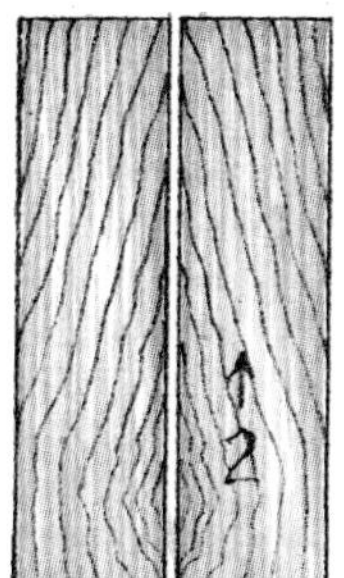

Première feuille déployée à gauche

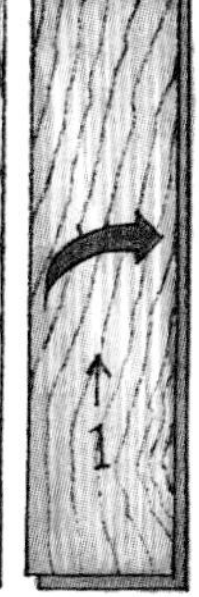
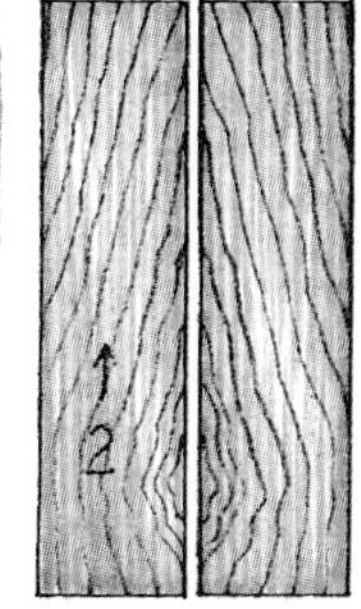

Première feuille déployée à droite

Ouverture des feuilles

Selon le motif que vous souhaitez privilégier, ouvrez les feuilles dans un sens ou dans l'autre, comme les pages d'un livre, en déployant la feuille du haut du côté vers lequel courent les courbes du dessin. Veillez dans tous les cas à bien aligner les lignes.

Raccord en frise

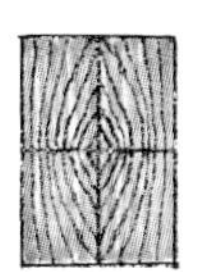

Plus élaborée, cette variante fait intervenir quatre feuilles consécutives dont le bord inférieur forme le centre de la composition.

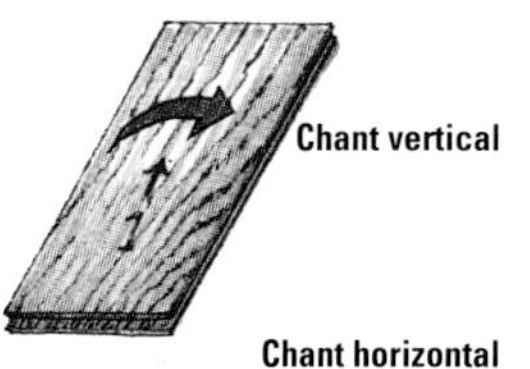

1 Première paire

Dressez le chant de la 1e feuille et faites-le chevaucher celui de la 2e en vérifiant la correspondance du dessin. Retaillez la 2e feuille, assemblez le raccord au papier gommé et affleurez le chant horizontal.

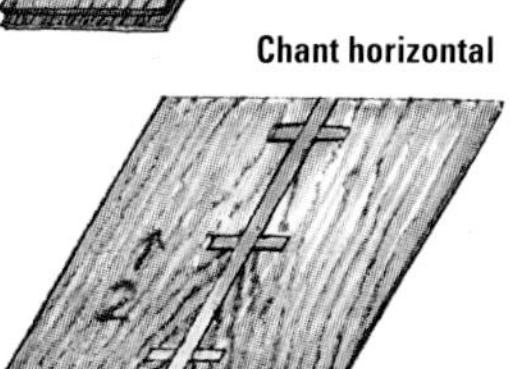
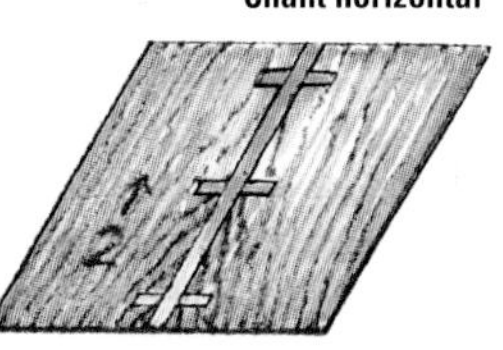

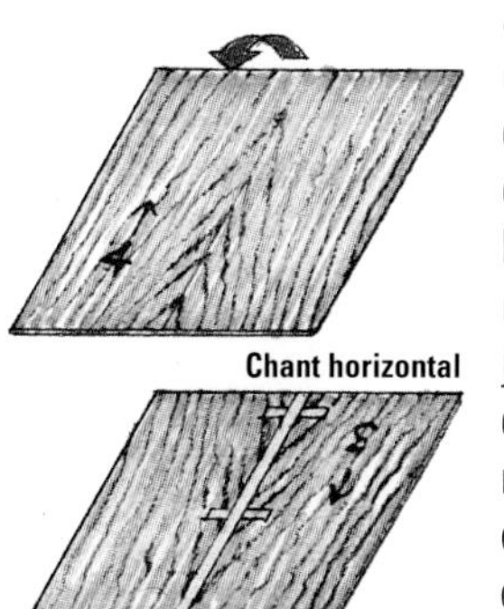

2 Deuxième paire

Renouvelez l'opération avec la 2e paire, puis retournez les feuilles face contre l'établi. Préparez ensuite le raccord horizontal en chevauchant les deux paires de feuilles jusqu'à ce que les dessins correspondent Affleurez le raccord et assemblez les deux paires au papier gommé.

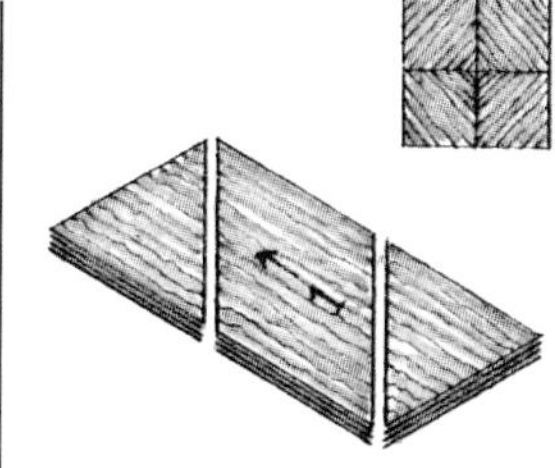

Pointe de diamant

Empilez quatre feuilles consécutives de placage veiné et retaillez les chants verticaux. Tranchez ensuite les deux extrémités à 45°, en veillant au parallélisme des traits de coupe.

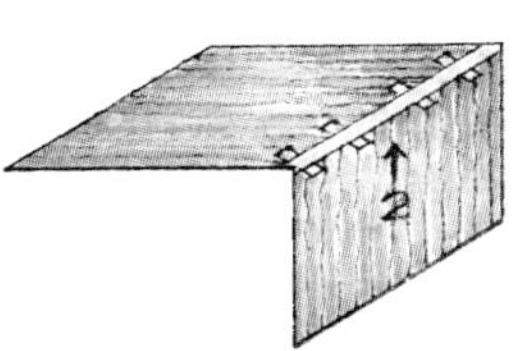

1 Découpe en V

Déployez les deux premières feuilles de la pile autour de l'axe diagonal supérieur, pour former un V dont la pointe est tournée vers le haut. Assemblez ce raccord au papier gommé.

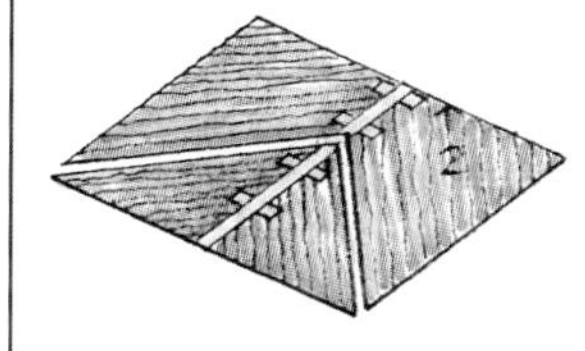

2 Rectangle

Remettez la pièce à plat et détachez la pointe du V en coupant horizontalement d'un angle à l'autre de la base du triangle. Insérez cette chute dans le creux du V pour former un rectangle.

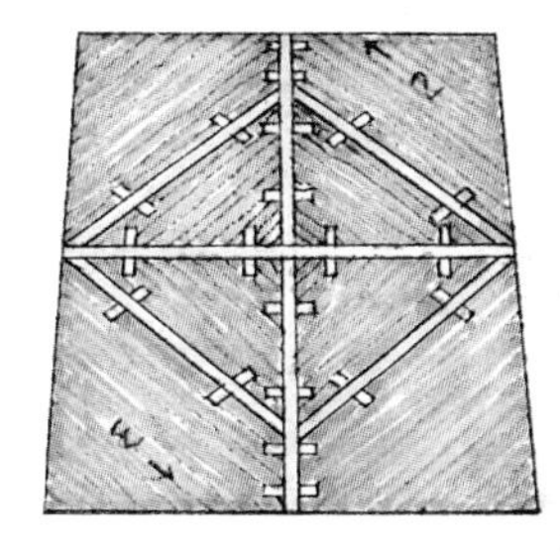

3 Assemblage

Répétez cette opération pour la deuxième paire après l'avoir retournée face contre l'établi, en reprenant la technique du raccord en frise. Vous obtenez ainsi deux rectangles identiques, dont le motif est parfaitement raccordé au centre.

Tour de main

Promenez un miroir à la verticale de la feuille de placage pour visualiser l'effet final et trouver le meilleur motif de raccord. Tracez une ligne de coupe en vous guidant sur le bord inférieur du miroir, puis raccordez les autres feuilles à partir de cette première coupe.

PLACAGE À LA MAIN

Pour réussir l'art délicat du placage à la main à l'ancienne, les artisans préfèrent généralement appliquer à chaud une colle animale plutôt que travailler à froid des produits modernes qui pourtant n'exigent aucune préparation ni expérience particulières. La colle animale présente en effet l'avantage de rester réversible à la chaleur, ce qui permet les repentirs et simplifie les réparations de cloches ou la pose de greffes. Le placage à la cale est néanmoins plus adapté à la pose d'une simple feuille recouvrant l'ensemble du support. Pour les raccords plus complexes, optez pour le placage à la cale (voir page 102).

Les conseils de l'artisan...
Le travail au marteau à panne n'est satisfaisant que si la colle animale est maintenue à température constante tout au long de l'opération. Installez-vous dans une pièce tiède et parfaitement dépoussiérée.

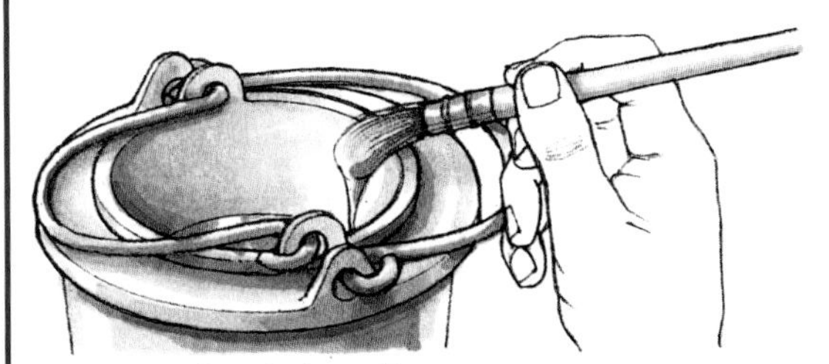

1 Préparation de la colle
Recouvrez d'eau la colle animale, liquide ou en perles, et laissez-la reposer. Mettez-la ensuite à chauffer au bain-marie à environ 50°C, en remuant pour obtenir une pâte lisse et onctueuse, sans grumeaux. Ne portez en aucun cas le bain-marie à ébullition et veillez à ne pas laisser l'eau du pot extérieur s'évaporer.

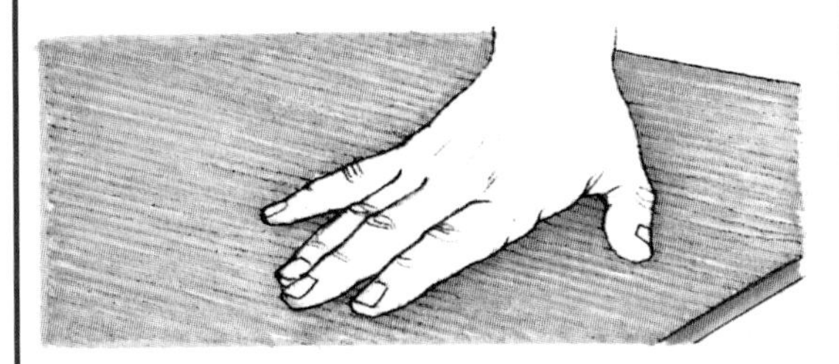

2 Encollage
Passez au pinceau une fine couche régulière de colle sur le support et sur le placage. Idéalement, prévoyez un pré-encollage de façon à limiter la pénétration de la colle dans le bois et à assurer une bonne prise des surfaces. Laissez tirer, puis tant que la colle est encore malléable, étalez le placage sur le support et marouflez délicatement à la main.

3 Passage au fer...
Mouillez légèrement la surface à l'aide d'une éponge imbibée d'eau chaude et essorée à fond, ce qui resserre les pores et empêche le fer de coller. Passez ensuite un fer doux sur toute la surface pour assouplir la colle et bien la faire pénétrer dans le placage.

4 ... et au marteau
Prenez immédiatement le marteau à plaquer pour faire adhérer le placage au support. Travaillez dans le sens du fil, du centre vers les bords, en décrivant des zigzags.

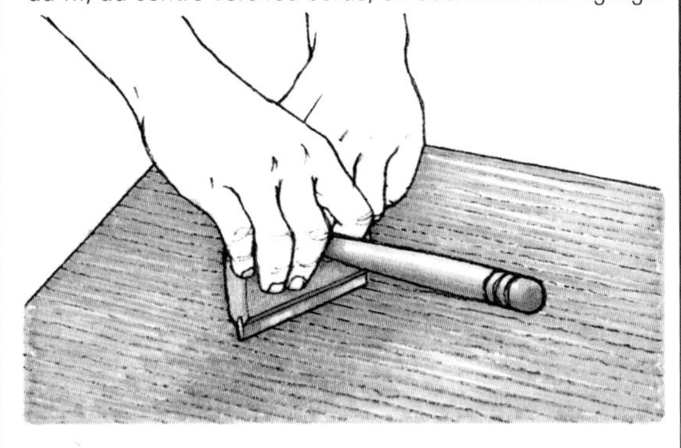

5 Passes de finition
Plus vous progressez vers les bords, plus la pression exercée sur la panne du marteau doit être forte pour chasser les bulles d'air et les excès de colle. Appuyez des deux mains, en prenant bien soin de ne pas déchirer le placage.

Tour de main
Si la colle fige sur le support en cours d'exécution, réhumidifiez le placage et repassez le fer doux. Ressuyez au chiffon humide toute trace de colle sur le placage.

Placage boursouflé

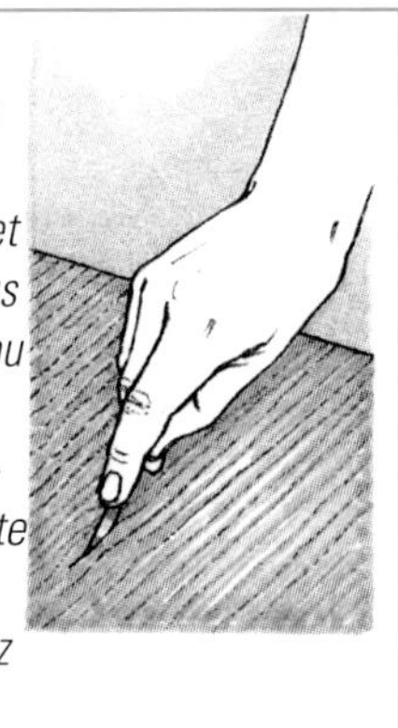

Lorsque la colle a pris, tapotez un ongle sur toute la surface pour détecter les éventuelles cloches et bulles d'air. Réchauffez au fer tous les endroits suspects puis lissez au marteau à plaquer. Si les boursouflures persistent, incisez-les légèrement au scalpel sur toute leur longueur dans le sens du fil, pour laisser échapper l'air. Mettez ensuite l'ouvrage sous presse.

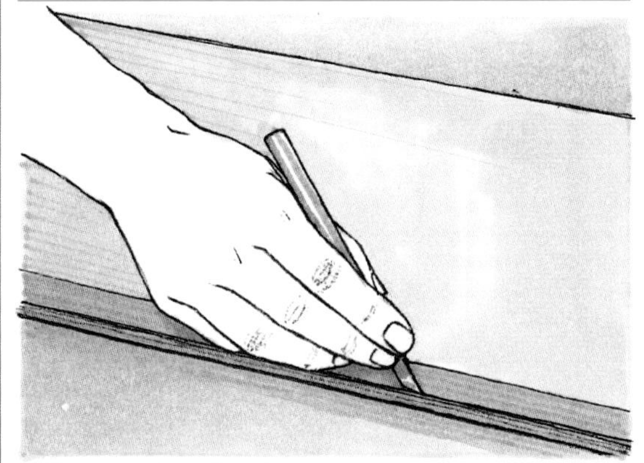

Affleurage des chants

Lorsque la colle est parfaitement sèche, retournez le panneau et coupez au cutter le placage qui dépasse sur tout le pourtour. Pour éviter les éclats, tranchez les pièces à contre-fil en progressant des angles vers l'intérieur.

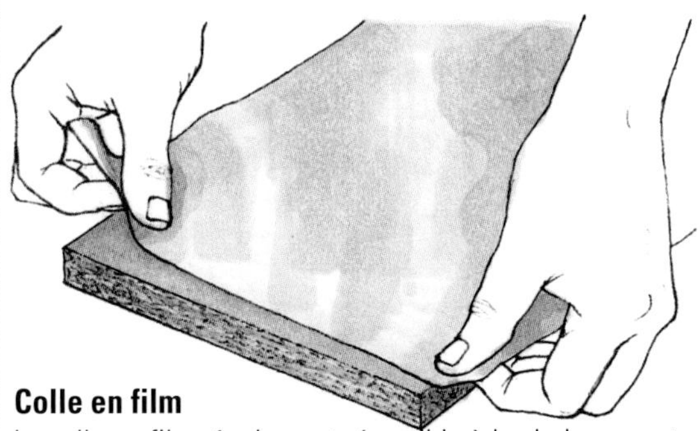

Colle en film

La colle en film, également réversible à la chaleur, peut fort bien remplacer la colle animale. Vendue en feuilles doublées d'un papier protecteur et prêtes à poser, elle peut se retravailler de la même façon après avoir été réchauffée au fer. Beaucoup plus facile à manier que la colle animale, elle est néanmoins réservée aux artisans chevronnés pour la pose de placages plus complexes, tels que la loupe ou l'elliptique. L'amateur s'en tiendra alors au placage à la cale (voir page 102).

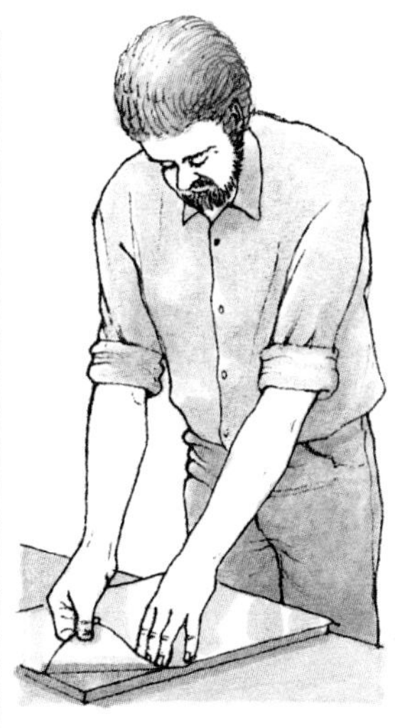

1 Application du film

Au ciseau, coupez une longueur légèrement plus grande que l'ouvrage, et étendez le film de colle sur le support. Réchauffez-le au fer réglé sur une chaleur douce et laissez refroidir avant d'ôter le papier de protection du dessus.

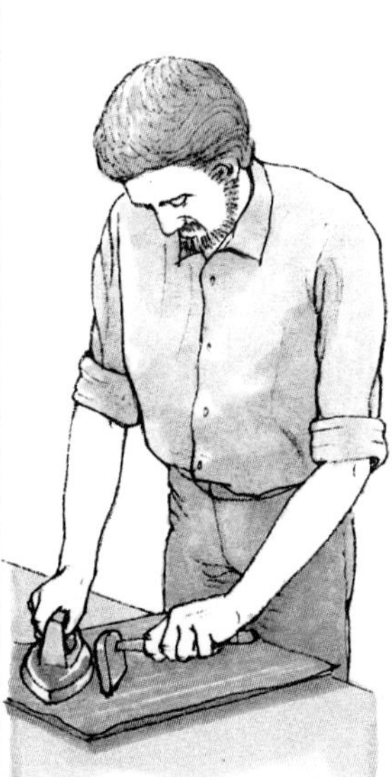

2 Pose du placage

Posez le placage sur le support thermocollé et recouvrez-le de sa pellicule de protection. Passez doucement le fer (chaleur moyenne) d'une main sur toute la surface, du centre vers les bords, en tenant de l'autre main le marteau à plaquer ou une cale en bois qui suit le fer pour tasser et maroufler le placage à mesure que la colle refroidit. Éliminez toutes les bulles d'air (voir ci-dessus) et, après séchage, affleurez les chants.

Différences de tons

Selon l'incidence de la lumière, les placages trahissent parfois des différences de tons. Anodines sur des raccord simples ou déployés, elles sont plus apparentes lorsque les feuilles consécutives sont disposées en frise ou en pointe de diamant.
A chaque fois que vous sortez une feuille de placage, numérotez-la à la craie sur la face de parement et tracez une flèche indiquant le sens du fil. Vous reconnaîtrez ainsi la face ouverte de la face fermée, qui devrait être présentée en parement.

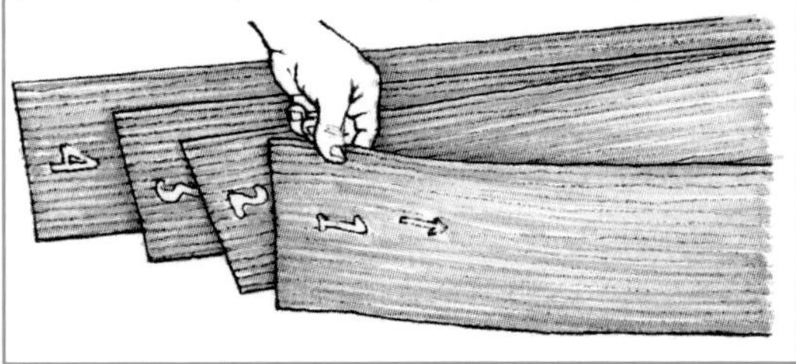

PLACAGE À LA CALE

Les cales sont des panneaux plans ou incurvés, entre lesquels on serre le support habillé de son placage. La confection de la presse à plaquer, relativement laborieuse, fait intervenir tout un attirail et est en fin de compte plus complexe que le placage à la main. Mais cette méthode n'a pas son pareil pour les travaux délicats. Idéale pour plaquer simultanément les deux faces d'un support, elle fait également l'unanimité pour disposer plusieurs feuilles en motif ou des placages fragiles, tels que la loupe et la ronce. Associé à des colles à froid à prise lente, ce procédé permet par ailleurs de travailler sans précipitation de grandes surfaces cintrées.

Presses à plaquer

La taille et la forme de l'ouvrage à plaquer dictent la configuration du dispositif de serrage, qui pourra être réutilisé pour d'autres pièces. Dans tous les cas, les cales seront plus larges que le panneau à serrer.

Petite presse

Pour le serrage des pièces plates de faibles dimensions, taillez les cales dans une pièce de bois dur. La pression est transmise par des serre-joints, positionnés au centre des cales.

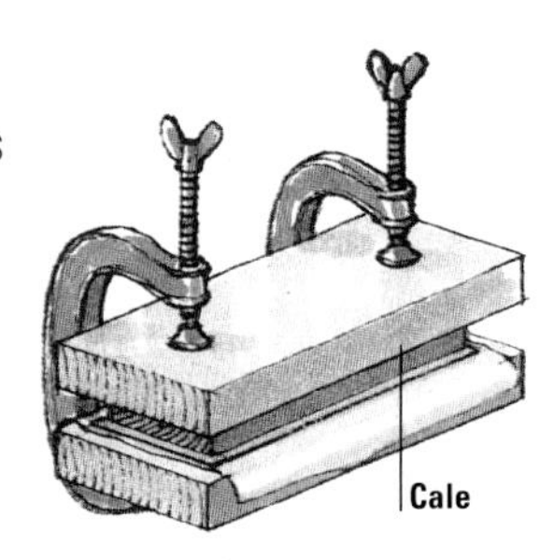

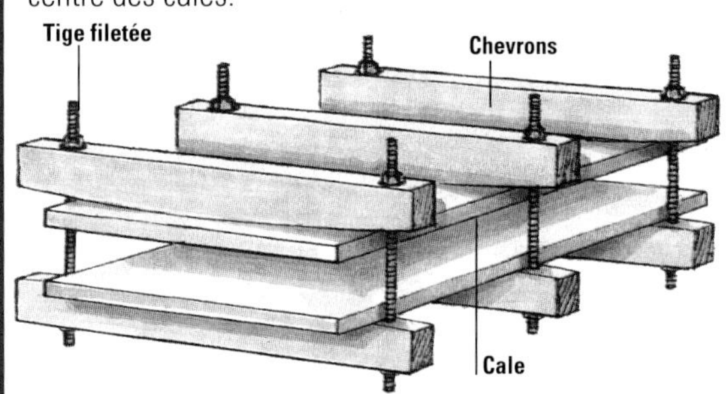

Presse pour grandes pièces plates

Les cales, en panneau manufacturé, sont serrées entre des chevrons transversaux en bois dur. Le profil convexe des chevrons répartit vers le milieu des cales la pression des points de serrage, en périphérie du panneau, et chasse l'air et les excès de colle vers les bords. La structure est maintenue par des serre-joints ou des tiges filetées traversant les chevrons et arrêtées par des écrous à rondelles. Serrez d'abord le chevron central et finissez par les chevrons d'extrémité.

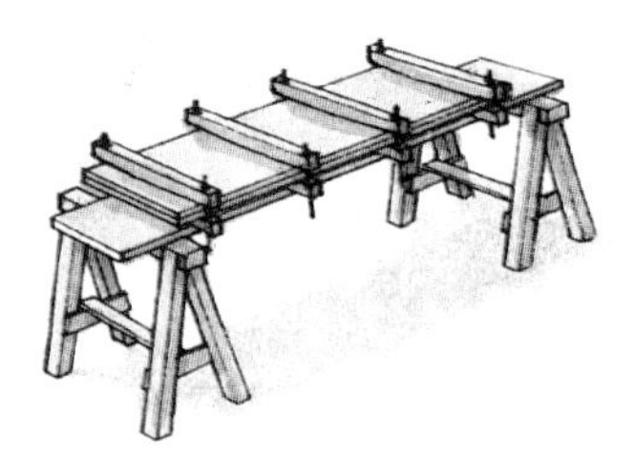

Support de presse pour pièces longues
Pour plaquer des ouvrages particulièrement longs, on place la presse à plaquer sur une planche placée en travers de deux tréteaux.

Préparation

Le placage à la cale faisant intervenir une suite d'opérations, préparez tous les outils nécessaires pour gagner du temps. Si l'ouvrage est trop volumineux pour l'établi, montez la presse de serrage sur tréteaux.

Pose du placage

Si vous souhaitez ne plaquer qu'une face à la fois, commencez par le contre-parement. Pour plaquer simultanément les deux faces, installez une pile en

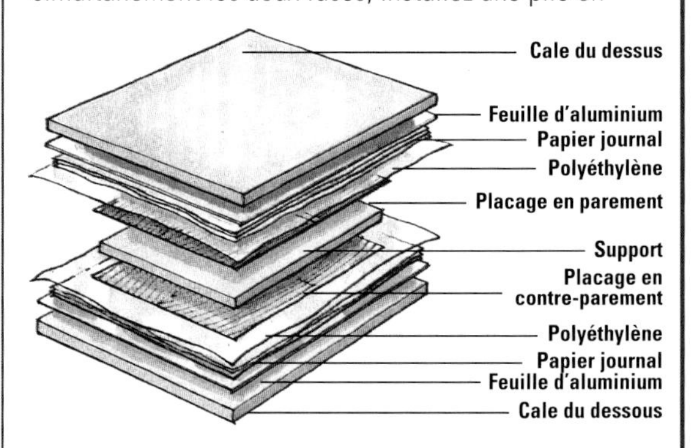

respectant l'ordre indiqué ci-dessous :

1 Assemblage de la pile

Enduisez l'envers et l'endroit du support d'une couche uniforme de colle à froid ou de colle animale, et laissez tirer. Évitez d'encoller les feuilles de placage, qui auraient tendance à gauchir. Installez la cale du dessous sur les chevrons ; recouvrez-la sur l'endroit d'une feuille d'aluminium préalablement chauffée contre un radiateur ou toute autre source de chaleur ; cette précaution accélère le temps de prise des colles à froid et empêche les colles animales de figer trop vite.

Recouvrez l'aluminium de quelques épaisseurs de papier journal qui, au serrage, compenseront les surépaisseurs créées par le papier gommé. Superposez une feuille de polyéthylène pour isoler le placage du papier journal, et posez la feuille de placage en contre-parement. Placez sur l'envers le support du dessus encollé, et achevez par empilement symétrique des diverses épaisseurs, coiffées par la cale du dessus.

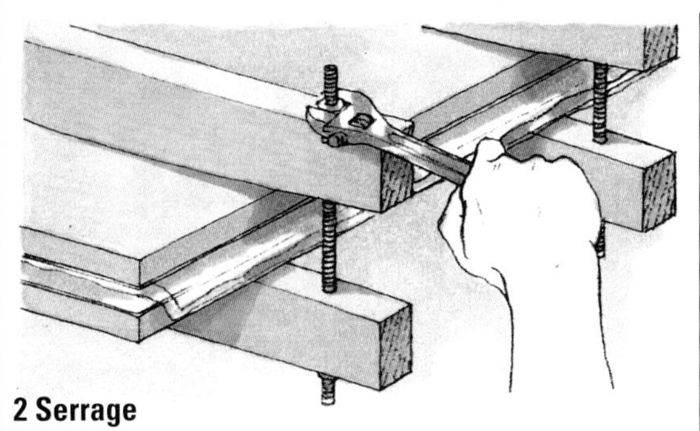

2 Serrage

Lorsque les deux cales sont bien en place, ajustez les chevrons du dessus sur les chevrons du dessous, insérez les tiges filetées ou placez les serre-joints. Serrez et laissez sécher jusqu'à douze heures.

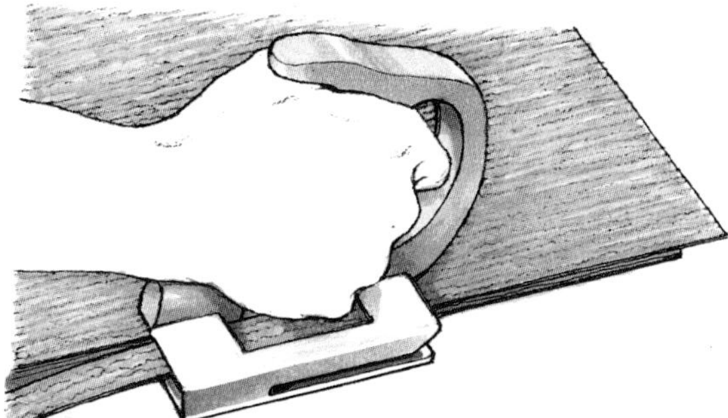

3 Finition des chants

Retirez l'ouvrage de la presse et affleurez les chants. Placez le panneau sur chant pendant quelques jours pour permettre une circulation d'air. Rabotez les chants et habillez-les d'une alaise (voir page 116).

Placage au sable

Le placage des petits ouvrages cintrés peut être serré dans un sac de sable chauffé : remplissez un sac de toile de sable fin, chauffez-le près d'un radiateur ou d'une autre source de chaleur. Placez-le sur la face à plaquer ou enveloppez toute la pièce si vous souhaitez plaquer les deux faces, et serrez entre deux cales.

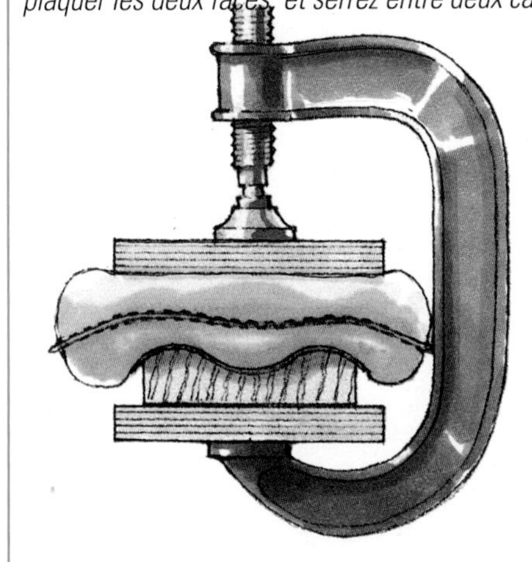

Presses pour pièces cintrées

Si vous souhaitez plaquer un ouvrage cintré, confectionnez un moule et un contre-moule, en reprenant la technique indiquée pour le cintrage du lamellé (voir page 35). Pour les grandes pièces, optez pour une variante de la presse de serrage plane : les cales cintrées sont assemblées à partir de lattes de bois souple ou rigide, maintenues par des chevrons galbés. Préférez tailler les cales dans un matériau flexible, qui conviendra à une plus large gamme d'applications.

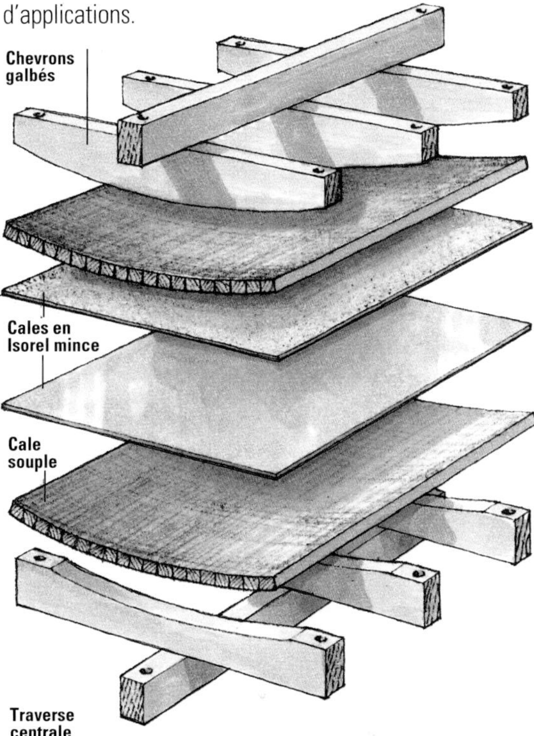

Montage d'une presse cintrée

Le profil concave des chevrons doit tenir compte de l'épaisseur des cales et du matériau à plaquer. Pour calculer cette courbe, préparez un plan en coupe transversale, puis taillez suffisamment de chevrons mâles et femelles que vous espacerez à intervalles rapprochés.

Les cales cintrées sont réalisées à partir de lattes de bois étroites assemblées bout à bout et collées sur une toile forte. Placez-les entre les chevrons, côté toilé vers le haut, puis recouvrez-les d'une feuille d'aluminium ou d'un panneau d'Isorel, de façon à répartir uniformément la force de serrage sur l'ensemble de la surface cintrée.

Maintenez les chevrons inférieurs et supérieurs par une traverse centrale de bois dur que vous serrerez avant de les chevrons, en procédant du centre vers les extrémités.

POSE DES FILETS ET FRISAGE

Assortis à d'autres placages ou à un bois massif, filets et frises confèrent à la pièce qu'ils ornent un incomparable cachet. Ces éléments décoratifs se posent sur une feuillure ménagée en bordure de l'ouvrage ou s'incrustent dans une rainure, évidée dans le support.

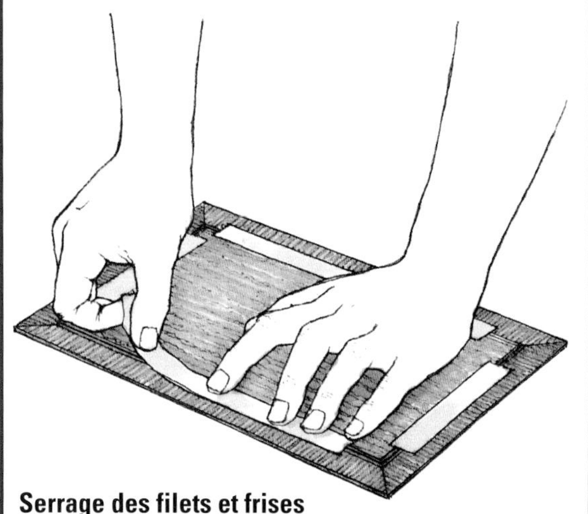

Serrage des filets et frises
Découpez le panneau central de placage aux dimensions voulues et disposez les filets taillés d'onglet sur tout le pourtour. Posez ensuite à fil croisé les frises, également coupées d'onglet, puis fixez tous ces éléments au papier gommé. Encollez le support, ajustez le placage, et mettez l'ensemble sous presse.

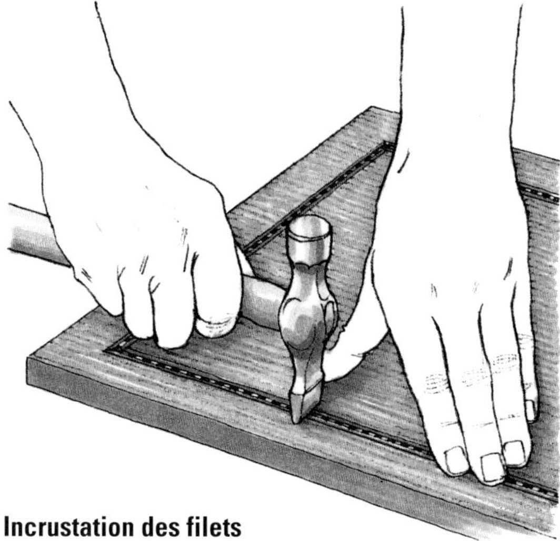

Incrustation des filets
Creusez une rainure à la défonceuse sur tout le pourtour du parement de l'ouvrage, en sélectionnant une profondeur de coupe légèrement inférieure à l'épaisseur du filet. Finissez les angles au ciseau à bois, afin d'obtenir une coupe d'onglet irréprochable. Encollez le filet préparé, mettez-le en place dans la rainure et marouflez au marteau à filet.

Placage d'une frise
Coupez la feuille centrale de placage de façon à ménager une bordure sur le support. Encollez-la et posez-la bien au centre. Laissez prendre la colle, puis recoupez la lisière de la feuille, en guidant un trusquin sur les chants du panneau pour assurer un parfait parallélisme.

Finition du support
Passez le fer réglé en position moyenne sur les bandelettes de placage pour assouplir la colle. Retirez les chutes en tirant délicatement vers vous et grattez la colle au ciseau. Ressuyez la surface à l'aide d'un chiffon imbibé d'eau chaude.

Découpe
Découpez les frises en travers fil dans les extrémités de feuilles consécutives de placage en faisant glisser un trusquin sur un guide bien droit. Prévoyez des bandes un peu plus larges et plus longues que la frise envisagée.

Collage
Encollez d'abord le support et les deux faces des frises. Assemblez les bandes consécutives sur le support en les chevauchant légèrement et marouflez au fur et à mesure au marteau à plaquer ou à filet. Pour effectuer les coupes d'onglet, superposez les extrémités des frises et ajustez un réglet en biais sur l'angle, afin de guider le cutter. Tranchez les deux épaisseurs de placage. Retirez les chutes et lissez au marteau à plaquer.

PANNEAUX MANUFACTURÉS

Très appréciés pour leurs remarquables propriétés physiques, les panneaux dérivés du bois font désormais l'unanimité parmi les ébénistes, charpentiers et menuisiers, professionnels ou amateurs. Le commerce propose une vaste gamme de matériaux adaptés à de multiples applications, et répartis en trois grandes catégories : les contreplaqués, les panneaux de particules et les panneaux de fibres.

CHAPITRE 4

CONTREPLAQUÉ

Le contreplaqué est fabriqué à partir de feuilles de bois, appelées placages de construction, ou "plis". Les faces externes, de parement et de contre-parement, recouvrent un nombre impair de plis, chaque couche étant posée en travers fil de la précédente pour former un panneau stable et robuste.

Fabrication

De nombreuses essences, provenant aussi bien de feuillus que de résineux, se prêtent à la confection du contreplaqué. Les plis, qui ne sont jamais que d'épaisses feuilles de placage, sont débités par tranchage ou par déroulage, cette seconde technique étant surtout réservée aux résineux (voir pages 86-7).

La bille écorcée est débitée en un large ruban sans fin, d'une épaisseur pouvant aller de 1,5 à 6 mm, qui est ensuite massicoté et coupé à largeur fixe. Les feuilles sont alors triées et rigoureusement séchées, puis classées par ordre décroissant de qualité, en faces de parement, faces de contre-parement et plis centraux. Assemblés en nombre impair, ces derniers constitueront l'âme du panneau. Les défauts les plus apparents sont colmatés et les plis étroits sont aboutés avant assemblage.

Les feuilles ainsi préparées sont encollées, puis empilées à fil croisé et pressées à chaud. Il ne reste plus qu'à découper les panneaux aux dimensions voulues et à les poncer légèrement sur les deux faces.

Grumes de bouleau argenté destinées à la fabrication de contreplaqué

Dimensions

Le contreplaqué est généralement commercialisé en grands panneaux de 310 x 153 cm ou 250 x 122 cm, que l'on peut faire recouper à vos dimensions moyennant un léger surcoût.
Selon le nombre et la finesse des plis, leur épaisseur varie entre 3 et 30 mm, cette mesure étant souvent un multiple de trois.
Les fournisseurs spécialisés proposent également des contreplaqués dits "d'aviation", plus minces et légers. Par convention, le fil des plis extérieurs est toujours parallèle au chant de la première dimension indiquée par le fournisseur. Ainsi, pour la plupart des panneaux, il est orienté dans la longueur, mais si la largeur est citée avant la longueur (153 x 350 cm, par exemple), comprenez que le fil court à l'horizontale.

Avantages du contreplaqué

De par sa structure homogène, le bois massif est relativement instable : selon la partie du bois dont elle provient, une planche a plus ou moins tendance à se rétracter ou à gonfler dans le sens du fil, et est également susceptible de gauchir ou toiler. Le faisceau de fibres confère certes au matériau une bonne résistance à la traction, mais favorise aussi l'apparition de gerces et de fentes longitudinales.

Le principe de contreplaqué, reposant sur le collage de plusieurs feuilles posées à fil croisé, compense ces risques de déformations. Les panneaux ainsi produits sont remarquablement stables, dotés d'une haute résistance mécanique – maximale, dans le sens du fil des faces – et ne présentent aucun sens de fissure naturel.

Plis

Le contreplaqué est généralement réalisé avec un nombre impair de plis plus ou moins épais, posés à fil croisé, et selon une structure rigoureusement symétrique. Dans sa configuration la plus simple, à trois plis, l'âme est prise en sandwich entre les faces externes ; les autres types de panneaux comportent de part et d'autre de l'âme des plis transversaux, dont le nombre varie en fonction de l'épaisseur des feuilles et des faces.

Les deux faces du panneau ne présentent pas nécessairement un aspect de qualité équivalente. Chacune fait l'objet d'un classement propre et indépendant, indiqué par un code alphabétique (voir ci-contre). On choisira la plus belle en parement, l'autre en contre-parement.

APPLICATIONS DU CONTREPLAQUÉ

La bonne tenue des panneaux de contreplaqué tient non seulement à la qualité des plis mais aussi au type de colle utilisé pour la fabrication. Ainsi, les plis des panneaux à usage extérieur sont liés par un adhésif plus résistant que le matériau proprement dit. Par ailleurs, tous les panneaux mettant en œuvre des colles à base de formol, hautement toxiques, doivent être conformes à des normes de sécurité draconiennes. A la sortie d'usine, un échantillonnage de chaque lot produit est soumis à une série de tests rigoureux, imposant au matériau des contraintes largement supérieures à celles qu'il subira en service.

Contreplaqué intérieur

Destiné à tous les travaux intérieurs, excepté la réalisation de pièces porteuses, ces panneaux sont liés par une colle urée-formol claire et présentent une essence décorative en parement et un bois de moindre qualité en contre-parement. Tout indiqués pour les meubles et lambris, ils seront mis en œuvre en milieu sec. Pour les caves, salles d'eau et pièces humides, choisissez des panneaux assemblés par un adhésif spécialement traité qui améliorera leur tenue à l'humidité. Exclusivement réservés à un usage intérieur.

Contreplaqué extérieur (label CTBX)

Selon la qualité de l'adhésif, ces panneaux tolèrent une exposition temporaire ou permanente aux intempéries. Prévus pour les applications extérieures autres que les ouvrages de charpente, ils trouvent également leur place dans les cuisines et les salles de bains. Les contreplaqués très exposés sont assemblés avec une colle phénolique (phénol-formol) de couleur foncée, soumises à des normes de contrôle de toxicité très strictes. Ces produits ont depuis longtemps fait la preuve de leur excellente résistance aux intempéries, aux micro-organismes, à l'eau froide ou bouillante, ainsi qu'à la vapeur et à la chaleur. Les panneaux extérieurs liés à la colle urée-formo-mélamine sont plus vulnérables aux agents atmosphériques et doivent être utilisés en milieu abrité.

Contreplaqué de charpente

Utilisé pour les pièces porteuses devant offrir une résistance et une durabilité maximales, ce type de contreplaqué est collé avec un adhésif phénolique. La face de parement est généralement sélectionnée parmi les plis de moindre aspect et les panneaux ne sont pas nécessairement poncés.

Classement d'aspect

L'aspect des panneaux de contreplaqué est classé selon un code alphabétique. Pour les bois de résineux, on distingue cinq qualités, notées A, B, C, C rapiécé et D. Ces lettres, marquées sur une face ou sur le chant du panneau, ne font aucune référence aux propriétés physiques et mécaniques du panneau. Les feuilles de classe A présentent une surface irréprochablement lisse et exempte de tout défaut ; les plis de classe D affichent presque tous les défauts admis. Un contreplaqué de classe A-A possède deux faces de classe A, alors qu'un panneau marqué B-C présente un parement de classe B et un contre-parement de classe C. Le parement des contreplaqués décoratifs est constitué de plis assortis (voir p. 98-9), sélectionnés parmi les plus belles essences, qui donnent leur nom aux panneaux.

APA
A-C GROUP 1
EXTERIOR
000
PS 1-83

Marquage en contre-parement

1 Sigle. Sigle de l'organisme certificateur (American Plywood Association aux États-Unis et CTB en France). **2 Classement d'aspect.** Indique successivement la classe d'aspect du parement et du contre-parement. **3 Identification du producteur.** Numéro d'identification de la scierie d'origine. **4 Classement de structure.** Le "Groupe 1" correspond au surchoix. **5 Qualité.** Indique la durabilité de l'adhérence des plans de collage. **6 Label.** Atteste la conformité aux normes du produit.

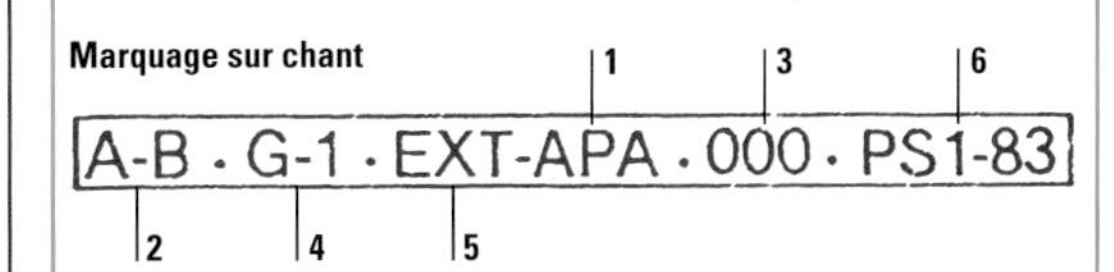

Mode de marquage

Les panneaux présentant une face de classe A ou B sont généralement marqués sur l'autre face. Lorsque parement et contre-parement sont classés A ou B, le marquage est effectué sur chant.

Contreplaqué marin (label CTBX C4)

Idéal pour les travaux de charpente, ce contreplaqué présente des faces de qualité supérieure. Les plis, soigneusement sélectionnés parmi quelques essences partageant les caractéristiques de l'acajou, sont parfaitement et durablement solidarisés avec une colle à la résorcine, ne laissant aucun interstice entre les feuilles. Conçu à l'origine pour les travaux de marine, ce type de panneau est également recommandé en intérieur, pour les pièces exposées à l'eau et à la vapeur.

TYPES DE CONTREPLAQUÉ

Le contreplaqué est fabriqué aux quatre coins du monde, chaque pays producteur mettant en œuvre des essences indigènes. La tenue d'un panneau et sa qualité tiennent tout autant à la nature des plis qu'à leur aspect et à l'adhérence des colles utilisées.

Bois de feuillus et de résineux

Les panneaux en bois de résineux sont généralement fabriqués à partir de feuilles de pin d'Oregon ou d'espèces voisines, tandis que pour les plis en bois de feuillus, on préfère des essences tempérées plus claires, comme le bouleau, le hêtre et le tilleul. Enfin, les panneaux de bois rouge sont confectionnés avec des feuilles d'essences tropicales telles que le lauan, le méranti et l'okoumé.

Les plis extérieurs et l'âme ne sont pas nécessairement faits du même bois.

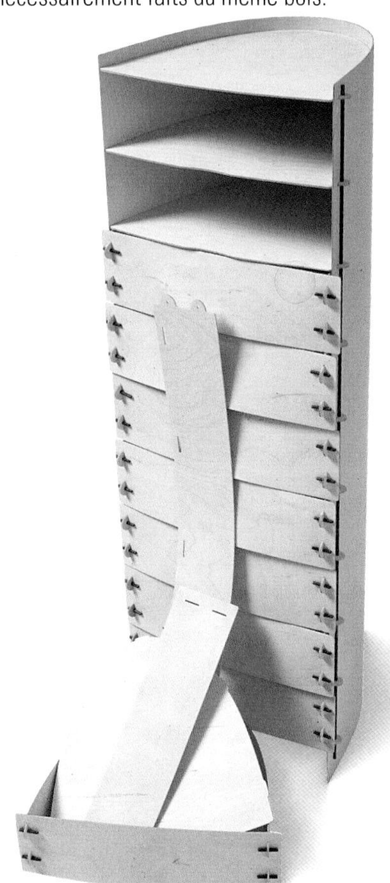

Commode en bouleau contreplaqué à monter soi-même

Applications

De la construction d'avions ou de bateaux aux travaux de charpente, en passant par le lambrissage, la lutherie, l'ébénisterie et la fabrication de jouets, les différents types de contreplaqués se prêtent à une infinité d'applications.

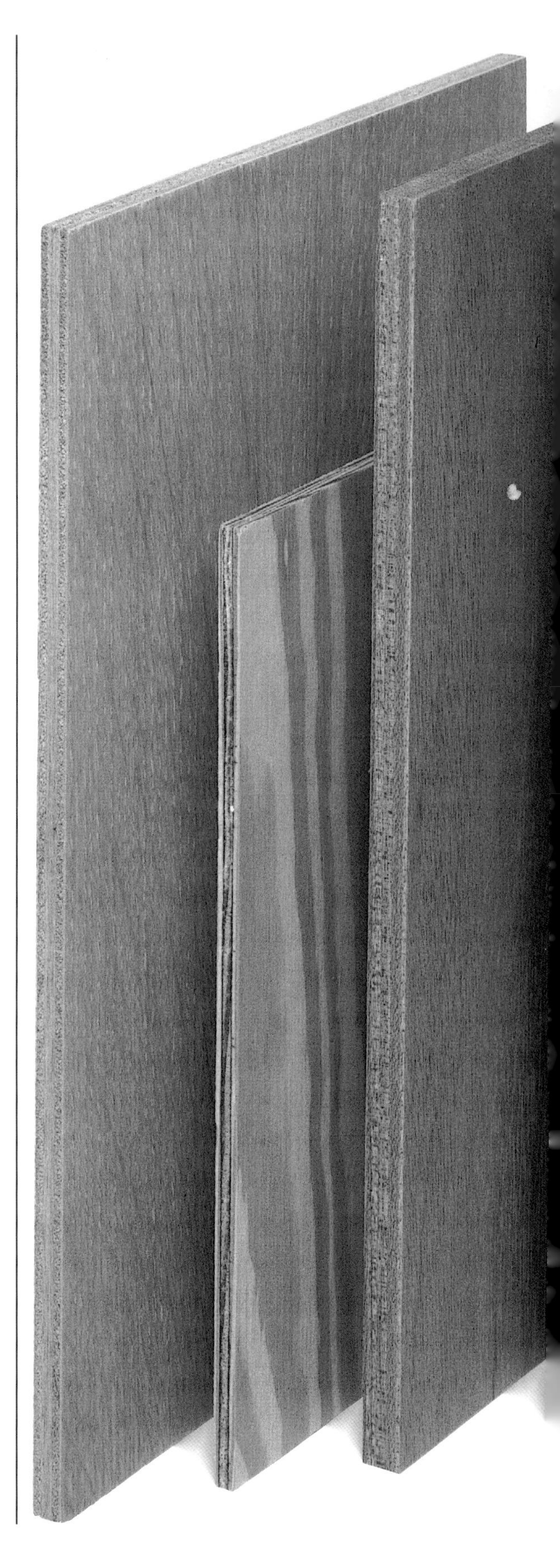

De gauche à droite :
Décoratif, à trois plis, pour côté de tiroir, multiplis, multiplis à âme épaisse, à six plis.

1 Contreplaqué décoratif
Débitées par déroulage, tranchage à plat ou sur quartier, les feuilles assorties posées en parement proviennent généralement de bois durs comme le frêne, le bouleau, le hêtre, le merisier, l'acajou ou le chêne. Elles sont préalablement poncées et prêtes à recevoir une finition. La face de contre-parement est généralement de moindre qualité. Ces panneaux sont surtout utilisés pour le lambrissage.

2 Contreplaqué à trois plis
Les plis extérieurs sont collés directement sur l'âme à un pli. Si les faces peuvent être de même épaisseur que l'âme, on opte parfois pour un pli central plus massif, afin d'améliorer l'équilibre d'ensemble de la structure. Ce modèle est parfois appelé contreplaqué "balancé" ou à "âme solide". En construction, on préfère utiliser des panneaux composites, caractérisés par une âme en bois reconstitué

3 Contreplaqué pour côté de tiroir
C'est l'exception à la règle : au lieu d'être posés à fil croisé, les plis successifs sont orientés dans le même sens. En bois dur et en 12 mm d'épaisseur, il remplace parfois le bois massif pour les côtés de tiroirs.

4 Contreplaqué multiplis
L'âme de ce contreplaqué est composée d'un nombre impair de plis. Selon les modèles, tous les plis sont de même épaisseur ou les plis transversaux sont plus épais, ce qui confère au panneau une résistance identique sur sa longueur et sa largeur. Le multiplis convient particulièrement à la fabrication de meubles en contreplaqué.

5 Contreplaqué à quatre plis
Cette structure présente deux épais plis centraux collés dans le sens du fil et pris entre des faces posées en travers fil. Ce contreplaqué est très largement utilisé en charpente.

6 Contreplaqué à six plis
Le six plis reprend la structure fondamentale du quatre plis, à ceci près que le fil de l'âme est ici parallèle à celui des plis externes, les plis intermédiaires étant posés à contre-fil.

LATTÉS ET LAMELLÉS

Comparables dans leur principe au contreplaqué, les panneaux lattés s'en distinguent néanmoins par une âme formée de lattes de bois massif (sélectionné parmi les espèces résineuses) de section plus ou moins carrée. Assemblées chant sur chant, ces lattes ne sont pas collées mais prises de part et d'autre entre un ou deux plis.

L'âme des panneaux lamellés est formée de fines lamelles de bois tendre, d'environ 5 mm d'épaisseur, généralement collées. Tout comme le latté, le lamellé est disponible en trois ou cinq plis. La présence de colle rend ces panneaux plus denses et plus lourds que les précédents.

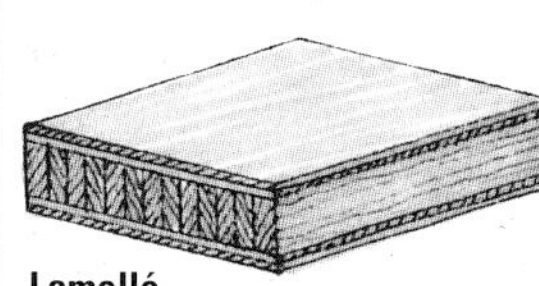

Lamellé
La structure de l'âme étant moins susceptible de ressortir sous le parement, ces surfaces accueillent volontiers de minces feuilles de placage décoratif. Proposés en trois ou cinq plis, ces panneaux sont plus chers que les lattés. Sur le lamellé à cinq plis, les fines épaisseurs de parement et contre-parement sont parfois posées perpendiculairement aux lamelles de l'âme, alors que sur d'autres qualités, le fil du parement est orienté parallèlement à celui de l'âme.

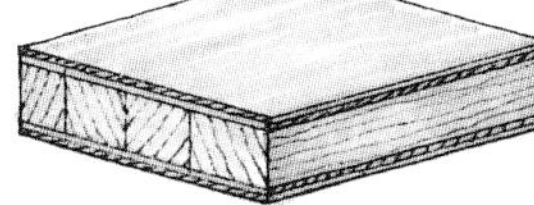

Latté
Offrant une grande résistance mécanique dans le sens longitudinal des lattes, ce matériau est tout indiqué pour les accessoires de meubles soumis à de fortes contraintes (rayonnages, plateaux de travail...). Il peut être habillé d'un placage décoratif mais l'âme risque de transparaître sous le fini. Commercialisés dans les mêmes dimensions que les panneaux de contreplaqué, les lattés présentent une épaisseur de 12 à 25 mm, le chant de certains trois plis pouvant atteindre 44 mm.

Panneau lamellé **Panneau latté**

CINTRAGE DU CONTREPLAQUÉ

Les contreplaqués constitués de plis de même épaisseur se prêtent au cintrage. L'arrondi sera plus ou moins marqué selon l'épaisseur du panneau et l'orientation des fibres de la feuille de parement, qui ploiera mieux à contre-fil que dans le fil. Le contreplaqué peut être cintré à froid, mais un panneau humidifié tolère des courbes plus serrées. L'entaillage de la face de contre-parement, idéale pour réduire la résistance au cintrage des panneaux épais, permet également d'accentuer la courbe. Réservez néanmoins cette technique aux pièces soumises à très peu de contraintes, car les entailles parallèles affaiblissent également les propriétés mécaniques du panneau.

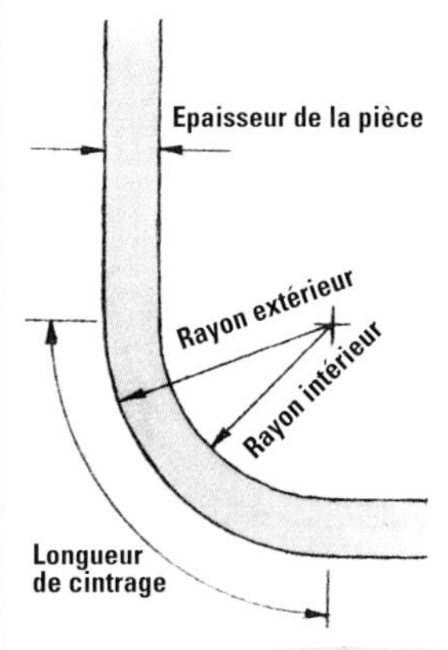

Calcul du rayon de courbure

Dessinez d'abord sur un plan à l'échelle 1 la courbe souhaitée pour déterminer son rayon et sa longueur. Calculez précisément ces valeurs ou, à défaut, mesurez au compas le rayon extérieur ; plus simplement encore, courbez une règle souple sur le dessin et relevez la mesure.

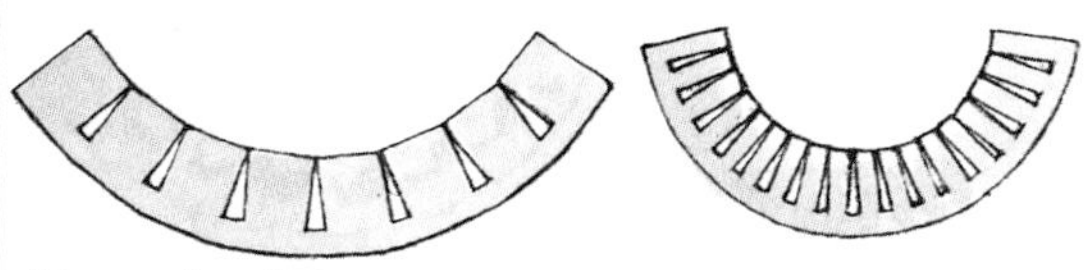

Rayon de cintrage

Choisissez l'épaisseur de la lame en fonction de la largeur que vous souhaitez donner aux entailles. Cette mesure, alliée à l'espacement des entailles, détermine le rayon de cintrage de la pièce : plus vous rapprochez les entailles, plus la courbe est serrée et régulière. Sachez toutefois que cette opération risque d'imprimer sur le parement de légères irrégularités de surface, qu'il faudra gommer par un ponçage soigneux.

Usinage des entailles

Travaillez de préférence à la scie radiale. Réglez la profondeur de coupe puis marquez de deux traits l'écartement des entailles sur la butée de guidage. Pratiquez la première découpe bien en travers du fil, puis faites glisser le panneau et alignez ce trait de scie sur le repère de la butée pour tailler la suivante. Pour les panneaux volumineux, la scie portative est pratique : tracez les repères sur le contre-parement de la pièce et calez un tasseau sur le panneau pour guider la lame.

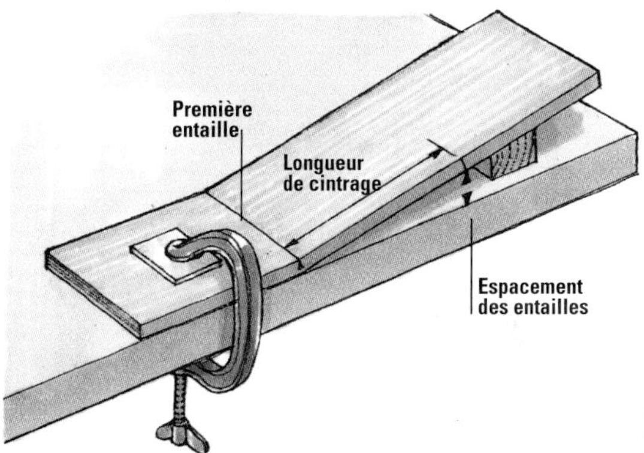

Calcul de l'espacement des entailles

Commencez par tailler sur le repère du début de cintrage une encoche profonde, en laissant au moins 3 mm de matière. Tracez alors sur le chant la longueur du rayon de la courbe. Serrez l'extrémité du panneau sur l'établi et soulevez l'autre partie jusqu'à fermeture de l'entaille. Calez la planche dans cette position et mesurez la distance entre la face inférieure du panneau et la surface de l'établi, à hauteur du trait marquant la fin du rayon. Cette mesure sera celle de l'espacement des entailles.

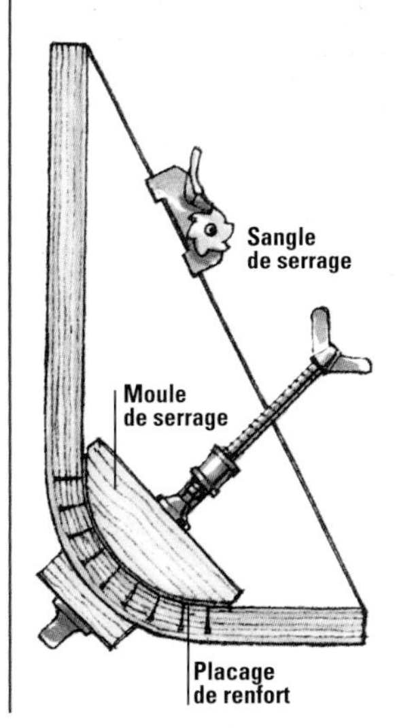

Collage en forme

Reportez la pièce cintrée sur le plan initial et, à l'aide d'une sangle, amenez la courbe à la forme désirée. Posez l'ensemble à plat sur chant, et encollez les lèvres des entailles et le rayon intérieur. Pour consolider ce collage, collez sur l'intérieur de la courbe une bande de placage, posée en travers fil de l'entaillage. Serrez la partie cintrée entre un moule et un contre-moule, sans retirer la sangle de serrage.

PANNEAUX DE PARTICULES

Les panneaux de particules sont constitués de copeaux ou d'éclats de bois collés sous haute pression. Les différents types de panneaux se distinguent par la taille et la forme des particules, leur disposition et leur densité, leur épaisseur et le type d'adhésif assurant leur cohésion.

Fabrication

La chaîne de production des panneaux de particules est entièrement automatisée. Le bois est d'abord haché dans des machines adaptées au calibrage recherché. Les copeaux sont ensuite séchés, pulvérisés de colles résineuses et distribués en plusieurs couches d'épaisseur donnée, le fil étant toujours orienté dans la même direction. Ces "gâteaux" passent à la pré-presse, puis à la presse chauffante à haute pression, pour polymériser les résines et mettre les panneaux à l'épaisseur voulue. Après refroidissement, ils sont recoupés aux dimensions normalisées, puis poncés sur les deux faces.

Propriétés

Les panneaux de particules sont des matériaux stables et parfaitement homogènes. Ils sont cependant pour la plupart relativement friables et offrent une moins bonne résistance à la flexion que les contreplaqués. Lorsqu'ils sont constitués de particules très fines, ils présentent une surface lisse et régulière, idéale pour recevoir de fines feuilles de placage. Les panneaux décoratifs, prêts à l'emploi, sont habillés en usine d'une feuille de bois, de papier ou de mélamine.

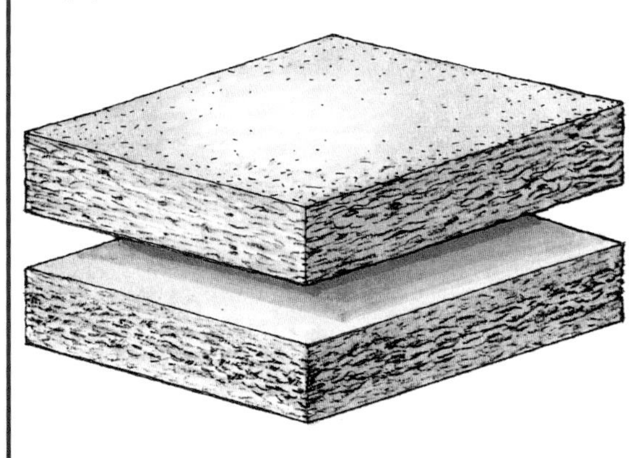

Panneau de copeaux

Plus connus sous le nom d'"agglomérés", ces panneaux déclinent plusieurs qualités, identifiées par un label : l'aggloméré CTBS est essentiellement destiné à des usages intérieurs en milieu sec : il supporte très mal l'humidité et a tendance à gonfler sans jamais reprendre sa forme initiale après séchage. Pour les ouvrages de construction, les planchers et de pièces exposées à l'humidité, choisissez un aggloméré au label CTBH.

Panneau de particules monocouche
Fabriqué à partir d'un gâteau de particules de même calibre uniformément réparties, ce panneau homogène présente une surface relativement grossière pouvant être plaquée ou mélaminée. Il convient en revanche très mal à la peinture.

Panneau de particules multicouches
Ces panneaux hétérogènes sont formés d'une âme de copeaux grossièrement hachés, prise entre deux couches de fines particules liées à haute densité. La forte teneur en résine des plis externes confère au panneau une surface lisse, adaptée à la plupart des produits de finition.

Panneau de particules à densité variée
Compromis entre les deux modèles précédents, cette structure homogène mais non uniforme présente des particules très fines en surface, et des copeaux de plus en plus grossiers à mesure que l'on approche du centre du panneau.

Panneau de particules décoratif
Ces panneaux sont revêtus sur une ou deux faces d'un placage, d'un lamifié de plastique, ou d'une fine feuille de mélamine. Les panneaux plaqués doivent être poncés avant finition alors que les panneaux mélaminés sont prêts à l'emploi. Sur les tablettes mélaminées du commerce, les chants sont profilés ou arrondis en usine et peuvent être plaqués ou nus. Dans ce dernier cas, procurez-vous des bordures de chants assortis, rigides ou souples, en bois ou en plastique.

Panneau triply
Reprenant le principe structurel du contreplaqué, ce matériau est constitué de lamelles de bois de résineux (du pin, le plus souvent), disposées en trois couches croisées. Les fibres de chaque couche sont orientées dans une même direction, celle des plis extérieur dictant le sens de découpe. Lié par des colles résistant à l'humidité, il peut être utilisé en extérieur sous abri.

Panneau de flocons
Ce panneau est fabriqué à partir de larges copeaux de bois étendus horizontalement et légèrement chevauchés. Cette structure lui confère une résistance mécanique à la traction largement supérieure à celle des autres panneaux de particules. Plutôt conçu pour des applications pratiques, revêtu d'un vernis transparent, il est parfois employé pour monter des cloisons. Il prend en outre très bien la teinte.

PANNEAUX DE FIBRES

Les panneaux de fibres sont issus d'un bois réduit à son état fibreux puis reconstitué pour former un matériau stable et homogène. La pression appliquée et le type de liant utilisé pour amalgamer les fibres déterminent la densité des panneaux.

Fibres tendres (de haut en bas) :
Médium plaqué chêne,
Médium brut,
panneau faible densité
panneau haute densité

Fibres dures (de haut en bas) :
Isorel perforé,
Isorel décoratif,
Isorel gaufré,
Isorel dur,
Isorel 1 face lisse

Rangement des panneaux

Pour gagner de la place, posez les panneaux sur chant. Pour éviter qu'ils ne reposent directement sur le sol, prévoyez un casier de rangement en les inclinant légèrement Calez les plus minces, susceptibles de déformations, entre des panneaux plus épais.

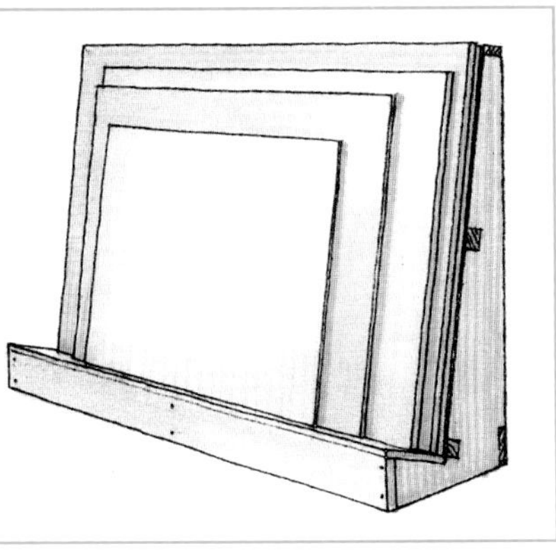

Panneaux de fibres tendres

C'est généralement en pressant à chaud un gâteau de fibres tendres humidifiées qui seront amalgamées par les résines naturelles du bois ou par addition de résines synthétiques, que l'on produit des panneaux de différentes densités.

Panneau de médium
Egalement appelé MDF, ce type de panneau est fabriqué selon un procédé à sec ; les fibres sont liées par des résines synthétiques accentuant la résistance du matériau. De texture très serrée, il est parfaitement homogène et lisse sur les deux faces. Excellent support de placage, il prend également très bien la peinture. Il se travaille comme le bois massif, qu'il remplace pour certaines applications. Chants et faces se profilent aisément sans produire d'éclats, mais on évitera de fixer des vis sur les chants. Malgré sa stabilité, il a tendance à gonfler à l'humidité. Pour les usages en milieu humide, optez pour du MDF imperméabilisé, disponible dans des épaisseurs allant de 6 à 32 mm.

Panneau faible densité
Proposé dans des épaisseurs de 6 à 12 mm, ce type de panneau sert essentiellement à réaliser des plaques légères ou des lambris.

Panneau haute densité
Plus lourd et plus dur que le précédent, il est utilisé pour monter des cloisons intérieures.

Panneaux de fibres dures

Ces panneaux, connus sous le nom d'Isorel, mettent en œuvre des fibres dures agglomérées à haute température et sous forte pression.

Isorel une face lisse
Vendu dans des épaisseurs de 3 à 6 mm et en diverses dimensions, il présente une face lisse et une face rugueuse. Très économique, l'Isorel 2 faces est idéal pour les fonds de tiroir et les panneaux arrières des meubles de rangement.

Isorel deux faces
Il offre un parement et un contre-parement lisses qui le destinent aux pièces apparentes sur les deux faces.

Isorel décoratif
Perforés, moulurés ou laqués, ces panneaux se prêtent à toutes les fantaisies. L'Isorel perforé permet de réaliser des plans verticaux (cloisons, paravents...), les autres étant surtout destinés au lambrissage.

Isorel dur
Imprégné de résine et d'huile, il présente une meilleure résistance à l'eau et à l'abrasion que l'Isorel classique.

MISE EN ŒUVRE DES PANNEAUX MANUFACTURÉS

Les panneaux manufacturés sont relativement faciles à couper mais leur forte teneur en résine les rend abrasifs et risque d'émousser le tranchant des outils en acier ordinaire. Pour des coupes franches, préférez équiper votre outillage de lames et de fraises en carbure de tungstène et travailler à vitesse élevée.

Souvent lourds, encombrants et rigides, les panneaux sont difficiles à manipuler. Pour les recouper, dégagez bien l'espace de travail, posez-les sur un support stable et n'hésitez pas à vous faire aider.

Découpe à la machine

Pour assurer la netteté du trait de coupe, utilisez une scie circulaire à grande vitesse munie de lames à denture en carbure de tungstène, surtout si vous envisagez de découper plusieurs panneaux d'affilée. Sciez de préférence dans le sens du fil. La lame devant attaquer côté parement, orientez cette face vers le haut si vous travaillez sur une scie à table, et vers le bas si vous sciez à l'aide d'un outil électroportatif.

Découpe à la main

Choisissez une scie à panneau à denture fine ou moyenne, et une scie à guichet pour les travaux délicats. La lame doit former avec la surface à scier un angle de 45° au plus. Pour éviter les éclats, entamez la matière sur le trait de coupe à l'aide d'un canif bien aiguisé, avant de scier un panneau de fibres ou de contreplaqué.

Douilles filetées

Stabilisation du panneau

Posez le panneau sur l'établi et veillez à bien le stabiliser le long du trait de scie ; pour les panneaux plus solides, vous pouvez vous contenter de traverses posées sur des tréteaux.

Pour mieux atteindre le trait de scie sur les grands panneaux, installez-vous sur la pièce. Si la chute est très large, demandez à quelqu'un de vous aider à la soutenir. Si vous êtes seul, sciez entre les traverses ou improvisez un dispositif pour retenir la chute et l'empêcher de casser avant la fin du sciage.

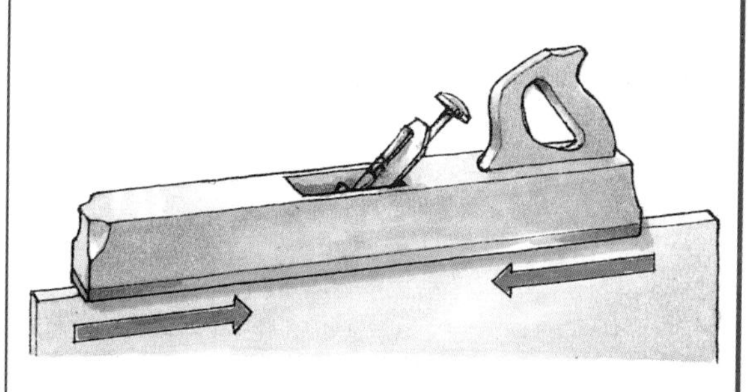

Rabotage des chants

Procédez comme pour le bois de bout, en partant des extrémités vers le centre, pour ne pas déchirer l'âme ou les plis externes. Pensez à affûter régulièrement la lame du rabot en cours d'exécution.

Vis auto-taraudantes

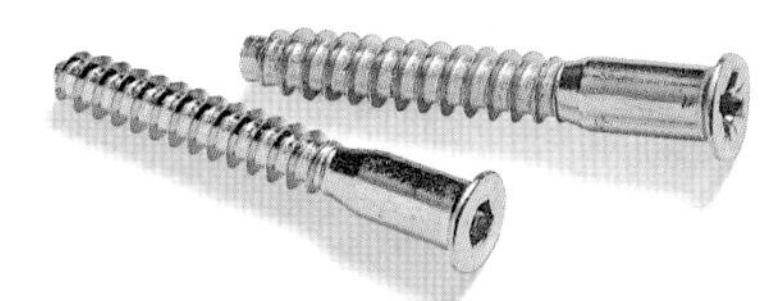

Fixations

Sur ces panneaux, il est plus efficace de percer les vis sur les faces que sur les chants, mais cette solution n'est pas toujours possible. Avant de loger une vis sur le chant d'un contreplaqué, percez un avant-trou ; le diamètre de la tête de la vis ne doit en aucun cas dépasser le quart de l'épaisseur du panneau.

Les panneaux d'aggloméré étant pour la plupart relativement fragiles, calculez l'emplacement des vis en fonction de la densité du matériau. Choisissez de préférence des vis "agglo" auto-taraudantes et percez toujours des avant-trous. La fixation peut être consolidée par des douilles qui recevront le filet de la vis.

Les lattés et lamellés peuvent être vissés sur chants, mais jamais en bois de bout.

FINITION DES CHANTS

C'est autant par souci esthétique que pour protéger l'âme du matériau que l'on habille les chants des panneaux. Ils peuvent être recouverts d'une bande de placage assorti à l'essence de parement et posée dans le fil ou à fil croisé, ou d'une alaise de bois massif, appliquée avant ou après placage de la surface.

A gauche, de haut en bas :
Chant plaqué dans le fil
Chant plaqué à fil croisé
Alaise posée après placage
Chant rapporté posé avant placage

A droite, de haut en bas :
Alaise collée
Alaise à languette
Alaise rainurée
Alaise d'onglet

Chants thermocollants

Ces bandes de placage préencollées s'appliquent au fer à repasser sur le chant. Elles ne sont commercialisées que dans certaines essences parmi les plus courantes. Il existe également plusieurs coloris de chants en plastique à assortir aux plateaux mélaminés.

Alaises en bois massif

Elles constituent un chant rapporté que l'on peut façonner à sa guise. Collées sur chant, les alaises ne présentent qu'une faible résistance. Sur les pièces plus exposées aux chocs, mieux vaut les assembler à rainure et languette. Le fini aura plus de cachet encore si vous taillez les coins d'onglet, surtout si les chants sont moulurés.

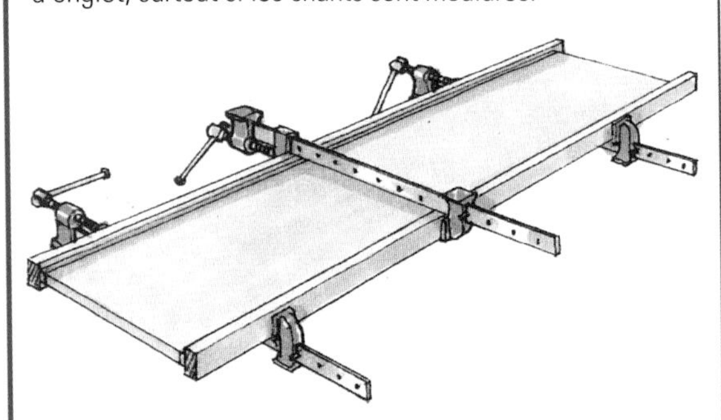

Collage

Encollez d'abord le bois de bout. Pour coller une alaise longue, insérez un tasseau rigide entre les mâchoires des presses et l'ouvrage, de façon à répartir la force de pression sur toute la longueur de l'ouvrage. Cette précaution protège également le bois.

Alaises d'angle

Assemblées bout à bout au chant du panneau (voir ci-contre), ces alaises forment un chant rapporté et masquent l'âme du matériau.

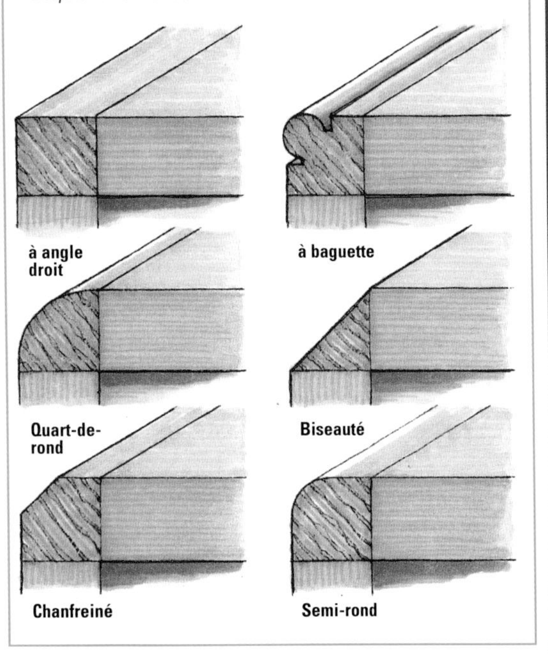

Rabotage

Lorsque vous rabotez une alaise sur sa largeur, veillez à ne pas entamer le placage de parement, et redoublez de précautions su vous travaillez à contre-fil. Après rabotage, finissez le chant rapporté à la cale à poncer.

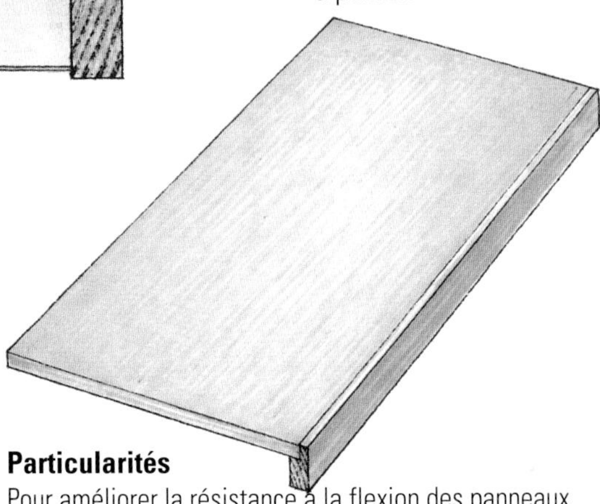

Particularités

Pour améliorer la résistance à la flexion des panneaux très sollicités, tels que les étagères et plans de travail, habillez-les d'une alaise haute. Taillez une feuillure dans l'alaise et fixez-la à l'ouvrage par un assemblage à recouvrement ou un assemblage à rainure et languette.

ASSEMBLAGES

Contreplaqué, lamellé, latté, aggloméré et médium : autant de matériaux adaptés à la fabrication de corps de meubles. Plus stables que le bois massif, ces panneaux ne peuvent cependant lui disputer sa résistance mécanique dans le sens du fil. De plus, s'ils admettent pratiquement tous les assemblages possibles pour le bois massif, leur structure impose une certaine prudence. Ainsi, les assemblages de cadre – tenon et mortaise, mi-bois et enfourchement – sont à proscrire.

Taille des assemblages

Lorsque vous choisissez un assemblage pour une application particulière, traitez les panneaux à âme solide (tels que le lamellé ou le latté) comme le bois massif. Ainsi, une queue d'aronde sera impérativement taillée dans le bois de bout, jamais dans le chant d'un panneau.

Dans l'âme du panneau, l'orientation variable du fil complique néanmoins singulièrement la tâche et l'on préférera souvent façonner les panneaux à la machine. Vous n'aurez alors aucun mal à réaliser des assemblages à queues d'aronde, à recouvrement, à emboîtement, à rainure et languette, à tourillons ou à lamelles.

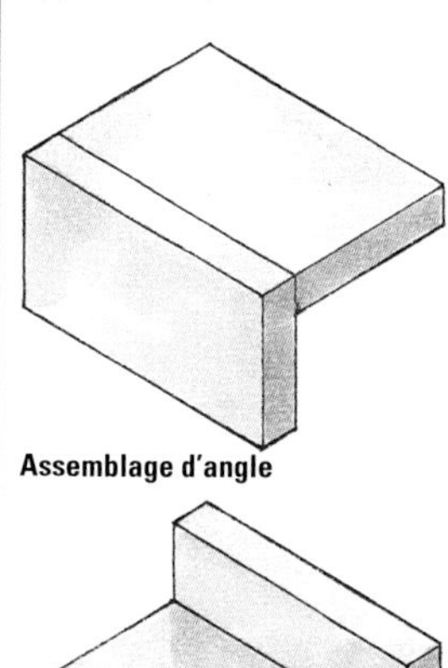

Assemblage d'angle

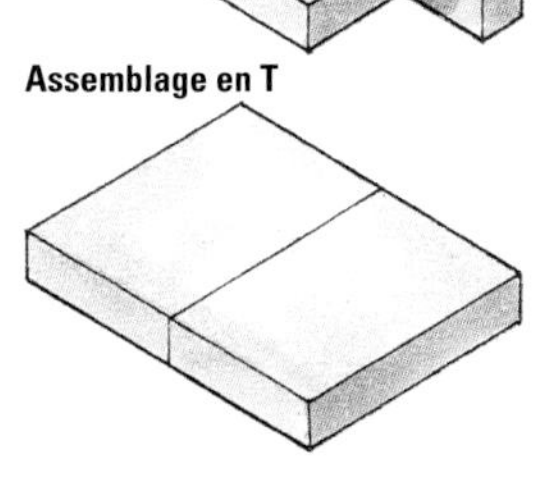

Assemblage en T

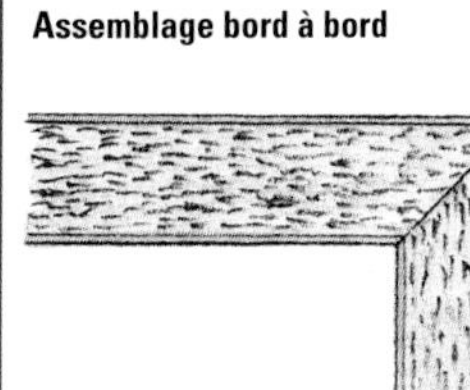

Assemblage bord à bord

Assemblages d'onglet

Les panneaux revêtus d'un placage décoratif doivent être assemblés à onglet, de sorte que l'ouvrage ne laisse pas apparaître l'âme. Cet assemblage sera simplement collé ou renforcé par une agrafe ou une languette rapportée.

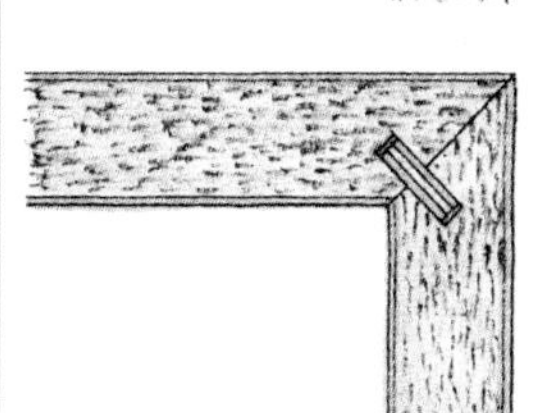

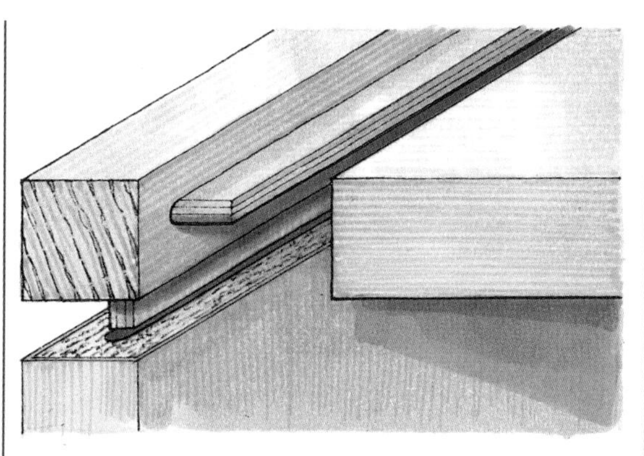

Assemblages des alaises d'angle

Pour dissimuler l'âme des panneaux d'aggloméré replaqués et finir les chants, prévoyez des alaises d'angle (voir ci-contre). Pour rehausser leur effet décoratif choisissez une essence qui tranche sur le placage de parement. Un assemblage à plat-joint fera l'affaire, mais pour plus de résistance, préférez un assemblage à rainure et languette rapportée.

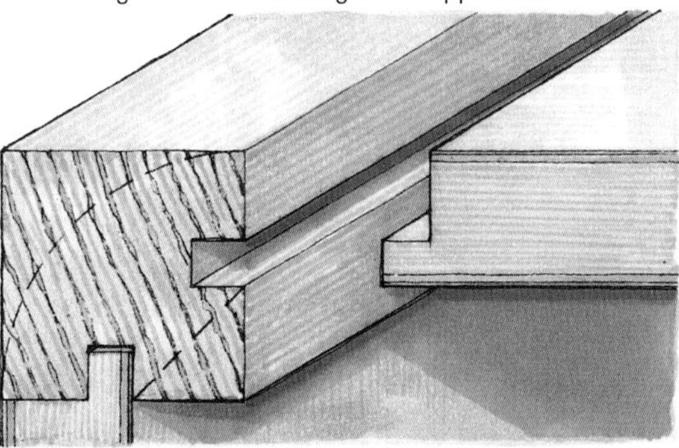

Alaise à recouvrement

Finissez les angles de plinthes et de corps de meubles à l'aide d'une alaise à recouvrement, qui assure un assemblage plus résistant. Pour ce faire, taillez une languette à face simple dans le panneau et une rainure correspondante dans l'alaise.

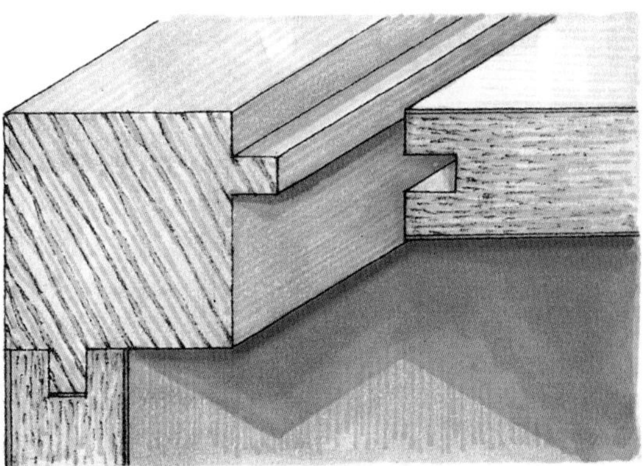

Alaise d'un panneau d'aggloméré

L'assemblage se trouvera sensiblement renforcé par une alaise munie d'une languette venant s'insérer dans une rainure ménagée sur le chant de l'ouvrage.

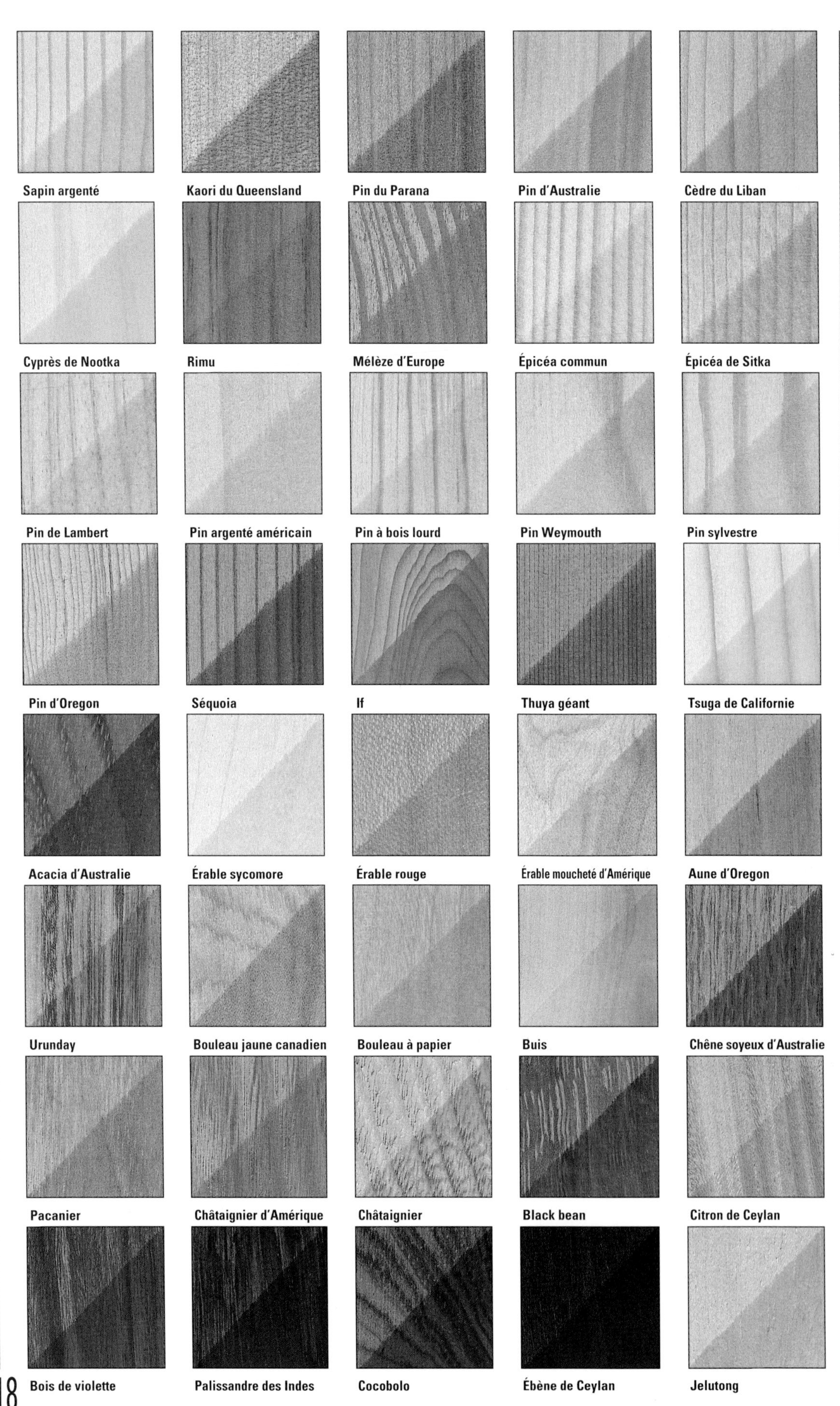
Sapin argenté
Kaori du Queensland
Pin du Parana
Pin d'Australie
Cèdre du Liban
Cyprès de Nootka
Rimu
Mélèze d'Europe
Épicéa commun
Épicéa de Sitka
Pin de Lambert
Pin argenté américain
Pin à bois lourd
Pin Weymouth
Pin sylvestre
Pin d'Oregon
Séquoia
If
Thuya géant
Tsuga de Californie
Acacia d'Australie
Érable sycomore
Érable rouge
Érable moucheté d'Amérique
Aune d'Oregon
Urunday
Bouleau jaune canadien
Bouleau à papier
Buis
Chêne soyeux d'Australie
Pacanier
Châtaignier d'Amérique
Châtaignier
Black bean
Citron de Ceylan
Bois de violette
Palissandre des Indes
Cocobolo
Ébène de Ceylan
Jelutong

FINITIONS DU BOIS

D'une essence à l'autre, le bois décline une infinité de couleurs, motifs et textures, que modifie ou met en valeur l'ébéniste par une préparation soigneuse suivie d'une finition. Or, ce matériau ne cesse d'évoluer et de réagir à son environnement : au fil du temps le bois travaille et se décolore ou fonce, au contraire, pour acquérir une belle patine.

Jeux de couleurs...
Une finition peut modifier du tout au tout l'aspect d'une essence, et notamment sa couleur : un simple vernis transparent suffit parfois à assombrir un bois et faire vibrer ses tonalités naturelles. Pour s'en rendre compte, il n'est qu'à comparer les échantillons bruts présentés dans le répertoire des essences (pages 44 à 53 et 56 à 82) à leurs homologues, parés d'une finition transparente.

Noyer de Queensland **Sipo** **Jarrah** **Hêtre américain**

Hêtre commun **Frêne blanc** **Frêne commun** **Ramin**

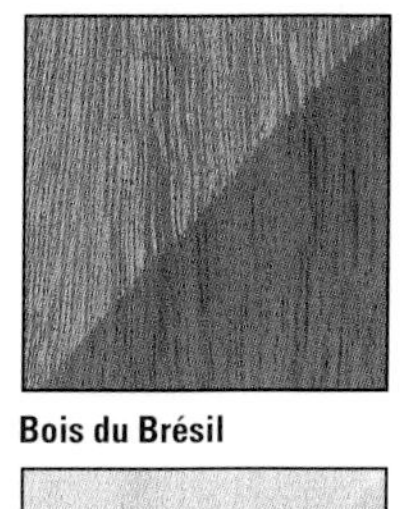

Bois de Gaïac **Bubinga** **Bois du Brésil** **Noyer cendré**

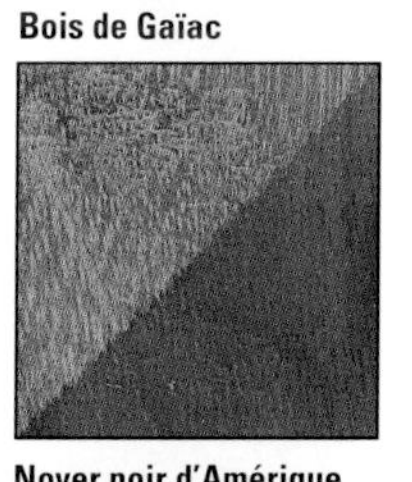

Noyer noir d'Amérique **Noyer commun** **Tulipier de Virginie** **Balsa**

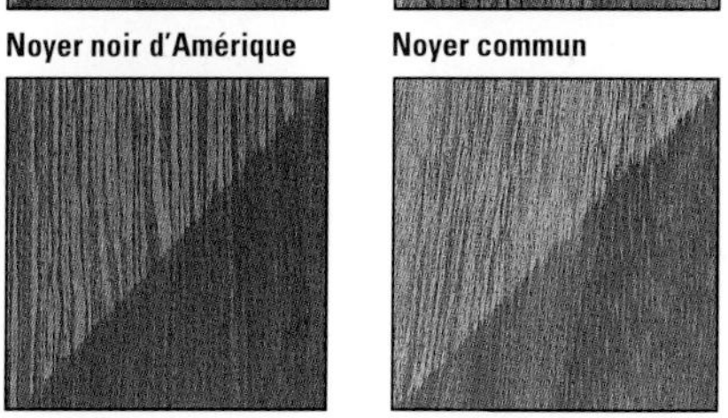

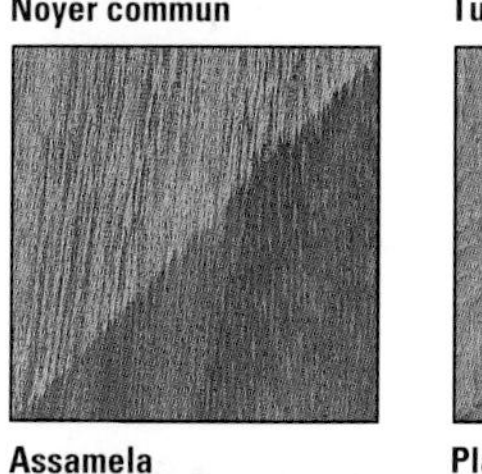

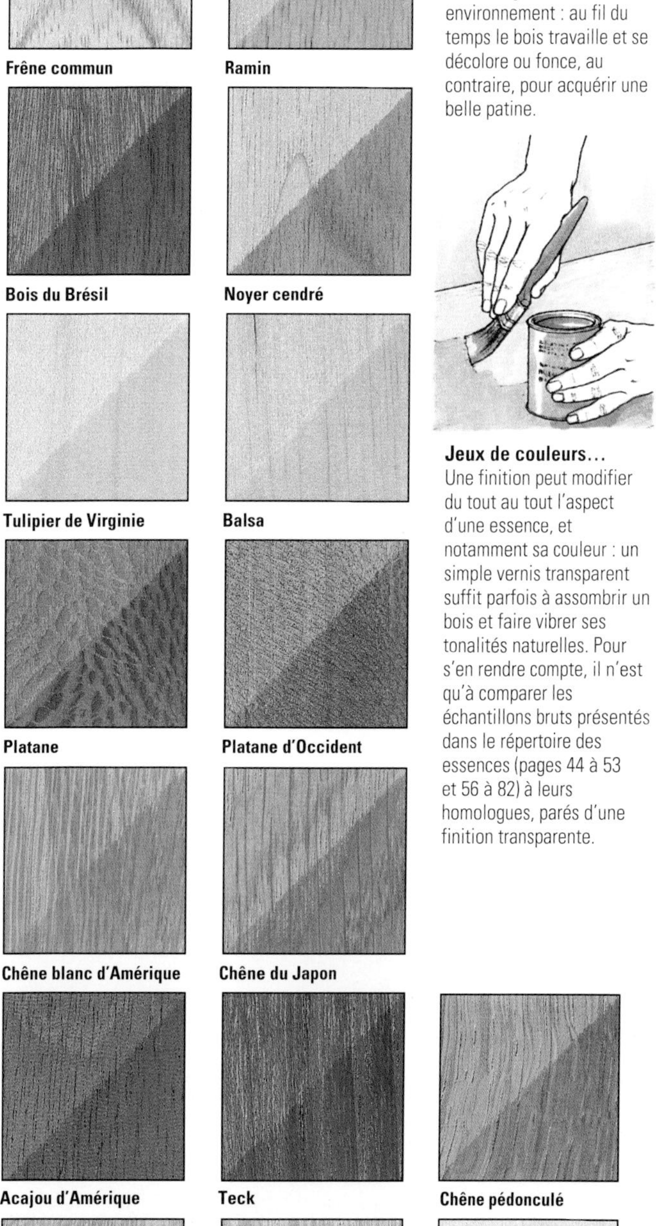

Amarante **Assamela** **Platane** **Platane d'Occident**

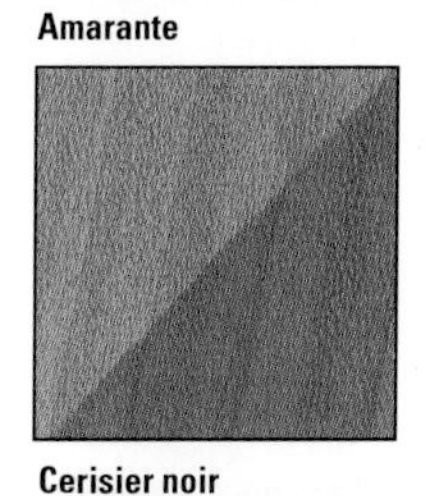

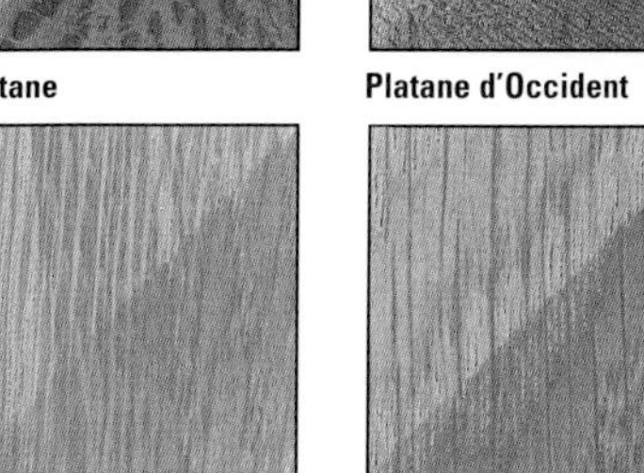

Cerisier noir **Padouk** **Chêne blanc d'Amérique** **Chêne du Japon**

Chêne rouge d'Amérique **Lauan rouge** **Acajou d'Amérique** **Teck** **Chêne pédonculé**

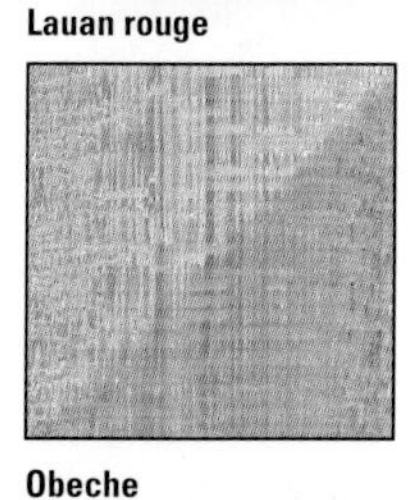

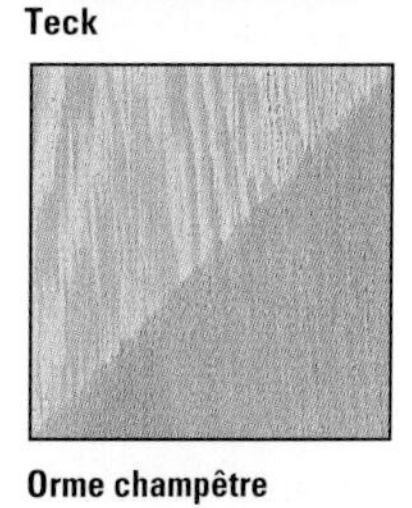

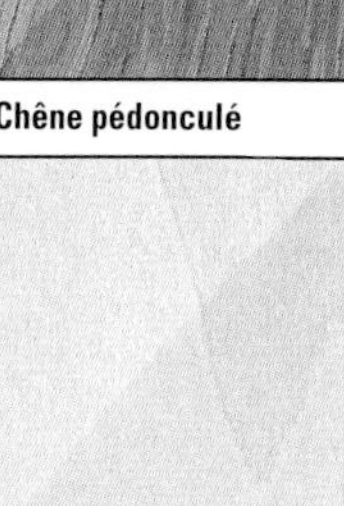

Tilleul d'Europe **Obeche** **Orme blanc américain** **Orme champêtre** **Tilleul américain**

PHYSIONOMIE DES ESPECES

Si l'artisan du bois se laisse avant tout séduire par la couleur et le dessin d'une essence et s'inquiète de ses propriétés, comment imaginer qu'il puisse rester insensible aux charmes de l'arbre sur pied qui lui fournit un matériau aussi fascinant ? Nous avons illustré les arbres dont sont issus les bois présentés dans le "Tour du monde des essences" (pages 44 à 53 et. 56 à 82). Bien que les proportions ne soient pas toujours des plus fidèles, ces dessins soulignent la forme caractéristique de chaque espèce dans de bonnes conditions de croissance.

Bois de violette

Cocobolo

Ramin

Feuillages
Malgré tous les efforts de recherche déployés pour illustrer la physionomie de toutes les espèces citées dans cet ouvrage, nous n'avons pas été en mesure de retrouver d'illustration complète pour les trois essences mentionnées ci-dessus. A défaut, nous présentons donc leur feuillage.

Résineux

de gauche à droite :	*(deuxième rangée)*	*(troisième rangée)*	*(rangée du 'bas)*
(rangée du haut)	Cyprès de Nootka	Pin de Lambert	Pin d'Oregon
Sapin argenté	Rimu	Pin argenté américain	Séquoia
Kaori du Queensland	Mélèze d'Europe	Pin à bois lourd	If
Pin du Parana	Epicéa commun	Pin Weymouth	Thuya géant
Pin d'Australie	Epicéa de Sitka	Pin sylvestre	Tsuga de Californie
Cèdre du Liban			

Feuillus
de gauche à droite, en partant du haut :
Acacia d'Australie
Érable sycomore
Érable rouge
Érable moucheté d'Amérique
Aune d'Oregon
Urunday
Bouleau jaune canadien
Bouleau à papier
Buis
Chêne soyeux d'Australie
Pacanier
Châtaignier d'Amérique
Châtaignier
Black bean
Citron de Ceylan
Bois de violette
Palissandre des Indes
Cocobolo
Ebène de Ceylan
Jelutong
Noyer de Queensland
Sipo
Jarrah
Hêtre américain
Hêtre commun
Frêne blanc
Frêne commun
Ramin
Bois de Gaïac
Bubinga
Bois du Brésil
Noyer cendré

Feuillus
(suite)
de gauche à droite, en partant du haut :
Noyer noir d'Amérique
Noyer commun
Tulipier de Virginie
Balsa
Amarante
Assamela
Platane
Platane d'Occident
Cerisier noir
Padouk
Chêne blanc d'Amérique
Chêne du Japon
Chêne pédonculé
Chêne rouge d'Amérique
Lauan rouge
Acajou d'Amérique
Teck
Tilleul américain
Tilleul d'Europe
Obeche
Orme blanc américain
Orme champêtre

GLOSSAIRE

A

Alaise : Baguette de bois massif, plus ou moins épaisse, rapportée sur le chant d'un panneau pour l'habiller et le renforcer.

Ame : Partie centrale d'un panneau, constituée de plis, lattes, lamelles ou particules, et prise en sandwich entre deux feuilles de placage. Elle est parfois désignée sous le terme de «bois de bâti».

Aubier : Partie tendre et blancheâtre qui se forme chaque année entre le duramen et l'écorce d'un arbre, où circule la sève. Parfois appelé bois imparfait ou faux bois, il est généralement éliminé des planches de bois d'œuvre.

Avivé : Planche ne présentant que des arêtes vives. A l'exception des plots, tous les débits, obtenus en scierie sont des avivés.

B

Bois commercialement sec : Bois d'œuvre présentant un taux d'humidité compris entre 23 et 18 %.

Bois d'été : Couche d'accroissement de l'arbre, relativement dense, formée après le bois de printemps dans le cerne et correspondant à une période de croissance plus lente. Également appelé «bois final».

Bois de bout : Bois débité perpendiculairement aux fibres. Désigne couramment l'extrémité d'une pièce débitée sur quartier ou sur dosse. .

Bois de fil : Bois débité dans le sens des fibres, c'est-à-dire dans la longueur du tronc de l'arbre. S'oppose au bois de bout.

Bois de printemps : Couche d'accroissement produite lors de la montée de sève, également appelée bois initial. Sur les bois hétérogènes, cette couche tendre se différencie nettement du bois d'été dans le cerne annuel, la distinction étant bien moins visible sur les bois homogènes.

Bois desséché : Bois séché en étuve ou par entreposage, présentant un taux d'humidité inférieur à 13 %. En service, ce bois risque de subir des décolorations.

Bois mi-sec : Bois partiellement séché dont la teneur en humidité coïncide avec l'état hygrométrique ambiant. Également appelé bois ressuyé, il doit être par la suite séché à l'air ou en étuve pour être exploitable.

Bois sec à l'air : Les planches séchées à l'air présentent un taux d'humidité compris entre 16 et 14 %. Elles doivent être entreposées dans leur milieu de destination avant mise en œuvre.

Bois vert : Bois «tombant de scie», venant d'être abattu. Ses parois cellulaires, présentant un taux d'humidité d'environ 30 %, sont saturées.

C

Cales : Panneaux de bois ou de métal plans ou incurvés permettant de plaquer un support par serrage.

Cloche : Bulle d'air emprisonnée sous une feuille de placage, due à une absence ponctuelle de colle. On parle aussi de cloque ou boursouflure.

Colle animale : Encore appelée colle forte, cette colle traditionnelle à base de nerfs, de peau ou d'os broyés s'utilise à chaud.

Colle-contact : Adhésif permettant de coller deux surfaces par simple contact, sans serrage.

Contreplaqué : Panneau constitué d'un nombre impair de plis collés les uns sur les autres à fil croisé. Cette structure leur confère une grande stabilité dimensionnelle et une excellente résistance mécanique. Les panneaux lattés et lamellés, habillés de plis de parement et de contre-parement, appartiennent aussi à la grande famille des contreplaqués.

D

Débit sur maille : Coupe radiale, perpendiculaire aux cernes annuels qui, sur certaines essences telles que le chêne, met en valeur les rayons ligneux courant en travers fil, appelés mailles.

Débit de bois de bout : Coupe transversale, perpendiculaire aux fibres du bois, révélant des cercles concentriques plus ou moins nets selon l'aspect des cernes annuels.

Débit sur dosse : Coupe tangentielle, effectuée dans la longueur du tronc, et dont l'axe effleure les cernes annuels. Les planches débitées sur dosse arborent un élégant dessin d'arcs élancés.

Débit sur quartier : Coupe radiale, tranchant à angle droit les cernes de croissance. L'alternance de couleurs des couches d'accroissement dessine sur ces débits un motif très décoratif de raies parallèles. Les véritables débits sur quartiers, très rares, donnent des planches de bois parfait. Lorsque l'axe de coupe n'est pas rigoureusement perpendiculaire aux cernes, il s'agit en fait de débit sur faux quartier.

Découpe : Partie principale du fût, comprise entre la souche et les premières branches, dont proviennent les billes de bois d'œuvre. Sur les feuillus, la découpe s'effectue à la première couronne de grosses branches, la «hauteur de découpe» désignant la partie utile du tronc.

Défauts du bois : On distingue les défauts d'aspect, qui nuisent essentiellement à l'esthétique d'une planche, des défauts structuraux, qui réduisent sa résistance, ses propriétés en service et, par là même, sa valeur.

Déroulage : Technique de débitage des placages décoratifs et de construction, consistant à monter une bille entière ou une demi-bille sur un tour, afin de la peler sur toute sa longueur. Le centrage ou le décalage de la bille par rapport à l'axe de déroulage détermine le motif des feuilles.

Dosse : Première ou dernière planche de bois que l'on détache lorsqu'on lave une grume au début du sciage. Une dosse présente une face plane dressée à la scie et une face bombée, le dos, généralement recouverte d'écorce.

Durabilité : Résistance que le bois, et notamment le duramen, oppose aux attaques biologiques (champignons, insectes et bactéries). L'aubier est presque toujours non durable. Les bois moyennement durables ou non durables doivent être protégés par un traitement chimique, superficiel ou profond.

Duramen : Bois lignifié ne participant plus à la croissance de l'arbre. Formé par le vieillissement de l'aubier, il s'en distingue par sa couleur plus foncée et sa meilleure résistance. Encore appelé bois de cœur ou bois parfait.

E

Essence à bois parfait distinct : Essences (telles que le chêne, le châtaignier et le pin) dont le bois d'aubier tranche très nettement sur le duramen.

Essences à bois parfait indistinct : Bois sur lesquels l'aubier et le bois de cœur ne présentent aucune différence de coloration (sapin, épicéa, peuplier, érable).

Essences à faux duramen : Le duramen et l'aubier se confondent plus ou moins, mais la coupe transversale laisse apparaître un centre bien coloré, trahissant une faiblesse pathologique. Ces bois sont à proscrire pour un emploi noble.

Étuvage : Méthode de séchage artificiel des bois utilisant la pression de la vapeur pour évacuer la sève. L'étuvage amoindrit les tensions et donc le travail des pièces mises en œuvre, mais intensifie souvent la couleur du bois. Ce procédé permet également d'assouplir une pièce avant cintrage.

F

Fentes de déroulage : Sur la face interne des feuilles de placage, cassures transversales du fil dues à un mauvais réglage du couteau et de la barre de pression de la dérouleuse.

Fil alterné : Alternance de bandes régulières présentant des fibres orientées dans deux directions opposées, le fil des cernes successives étant couché à gauche, puis à droite.

Fil : Disposition des fibres du bois par rapport à l'axe du tronc, déterminée par la croissance de l'arbre. Selon les cas, le fil est qualifié de droit, irrégulier, ondé, entrecroisé, rubané, tors, etc.

Fil tourmenté : Orientation aléatoire des fibres due à une anomalie de croissance et présentant un dessin désordonné. Très décoratifs, les bois à fil tourmenté sont particulièrement fragiles et difficiles à travailler.

Filets : Fine languette ou baguette de bois uni (filet simple) ou composé de plusieurs placages formant un motif géométrique (filet composé) disposée en bordure d'une feuille de placage ou incrustés dans un bois massif pour souligner le veinage des autres essences.

Fissures : Lors du séchage du bois, les mouvement de retrait imposent des tensions aux cellules orientées dans des directions différentes, qui se fissurent en leur point le plus faible. Un séchage trop rapide risque notamment de provoquer des gerces ou des fentes en bout.

Frises : Bande de placage décoratif posée à fil croisé sur le pourtour d'une pièce plaquée ou en bois massif.

G

Grain : Aspect de la surface d'un bois, déterminé par la taille et la régularité de ses cellules dans les cernes de croissance. On distingue ainsi les essences à grain fin ou serré, des essences à pores larges, ou grain grossier.

L

Loupe : Excroissance maladive du tronc de l'arbre, produisant des fibres désordonnées au fil tourmenté. Les placages taillés dans la loupe, qui portent parfois le nom de bois madré ou broussin, offrent un motif très prisé des ébénistes.

M

Moelle : Bois primaire, physiologiquement mort, situé au cœur du tronc et autour duquel s'organise le faisceau de rayons ligneux. Très vulnérable aux champignons et aux insectes, il présente parfois des fissures, taches ou décolorations qui trahissent un affaiblissement du bois.

O

Onglet : Assemblage d'équerre de deux pièces de bois dont les bords sont coupés à 45°.

P

Panneau de particules : Panneau dérivé du bois reconstitué à partir de copeaux et déchets de sciage collés sous haute pression, procédé qui lui vaut également le nom d'aggloméré.

Panneau lamellé : Panneau dont l'âme est constituée de fines lamelles de bois tendre assemblées par collage et prise entre deux épaisseurs de placage. Cette technique permet également de fabriquer des pièces de cintrage.

Panneau latté : Panneau dont l'âme est composée de lattes de bois massif de section carrée et revêtue sur chaque face d'un ou plusieurs plis de placage.

Patine : Altération de la couleur et de la texture d'un bois ou d'un métal, due au vieillissement naturel du matériau.

Placage elliptique : Feuille de placage taillée dans la fourche de l'arbre, perpendiculairement aux cernes annuels, offrant un superbe motif de plumes ébouriffées.

Placage : Fine feuille de bois, sélectionnée pour ses qualités décoratives, destinée à habiller un panneau dérivé du bois ou un support de bois massif de moindre valeur.

Plis : Feuilles de bois plus épaisses que les feuilles de placages décoratifs,. Également appelés placages de construction, les plis sont empilés en nombre impair à fil croisé, pour former le contre-plaqué. Les plus élégants sont utilisés en faces de parement ou de contre-parement.

Plots : Ensemble des plateaux obtenus en sciant une grume suivant des traits successifs, tous parallèles, et empilés, après sciage, dans leur ordre d'origine, de façon à reconstituer la grume.

Pseudo-zone poreuse : Les vaisseaux disposés en zones poreuses plus ou moins nettes dans le bois de printemps, et diffus dans le bois d'été, forment des cernes de texture inégale, mais nettement différenciés.

R

Racines palettes : Chez certaines espèces, racines superficielles très asymétriques, dont la partie supérieure sort du sol pour stabiliser l'arbre.

Rayons ligneux : Éléments cellulaires allongés horizontalement rassemblant les cellules conductrices verticales. Contribuent à la résistance mécanique de l'arbre. Particulièrement visibles sur certaines essences débitées sur quartier (notamment le chêne) ils dessinent une maillure courant en travers fil.

Retrait : En perdant leur humidité, les pièces «travaillent» et subissent des déformations, plus marquées dans le sens des cernes que dans le sens des rayons ligneux. Ainsi, selon le type de débit, les planches auront tendance à se voiler, à se gondoler voire à se fendiller. Les planches sur quartier, sciées parallèlement aux rayons ligneux, sont les plus stables.

Ronce : Feuille de placage taillée dans la

souche de l'arbre, révélant un veinage enchevêtré très recherché des ébénistes.

Ruginer : Action de rayer diagonalement un support par passes croisées, au rabot ou à l'aide d'une fine lame dentée, afin de fournir une bonne surface d'ancrage à la colle.

S

Saignement : Sur un support mal bouché, remontée de résine (ou de toute autre substance naturelle) imprégnant la surface d'une finition et provoquant généralement une tache diffuse.

Séchage à l'air : Méthode traditionnelle consistant à empiler des planches à l'air libre ou sous abri, où la circulation naturelle d'air assure le séchage.

Sève : Liquide assurant la circulation des métabolites chez les végétaux vasculaires. La sève ascendante, ou sève brute, est une solution aqueuse de sels minéraux que l'arbre puise dans le sol et diffuse dans le bois par l'intermédiaire des vaisseaux. La sève descendante, ou sève élaborée, est enrichie des produits de la photosynthèse.

T

Taux d'humidité : Teneur en eau des tissus du bois, exprimée en pourcentage de la masse d'un échantillon anhydre. Cette valeur détermine la conservation du bois, la tenue des pièces et des assemblages qui ont tendance à jouer lorsque le bois travaille, et leur résistance mécanique à la compression et à la traction.

Texture : Structure caractérisée par l'agencement des cellules et la disposition des vaisseaux en zones diffuse ou poreuse. La texture est homogène ou régulière lorsque bois d'été et bois de printemps sont indistincts, et hétérogène ou irrégulière lorsque le cerne présente des couches d'accroissement franchement contrastées. Ce terme ne s'applique généralement qu'aux essences provenant des régions tempérées.

Tranchage : Débitage de demi-billes ou de quartiers montés sur un cadre coulissant et tranchés par une lame fixe pour produire des feuilles parallèles. Les feuilles tranchées à plat et sur quartier, tangentiellement aux cernes, révèlent un dessin ondé, alors que le tranchage sur maille, perpendiculaire aux cernes, met en valeur la maille du bois.

Tuilage : Déformation du bois due au retrait par séchage, provoquant le cintrage des pièces.

V

Vaisseaux diffus : Uniformément répartis dans le bois de printemps et le bois d'été, les vaisseaux de taille régulière confèrent au matériau une texture relativement homogène qui le rend plus facile à travailler.

Voilement : Déformation provenant davantage des défauts de fil ou de structure que du retrait par séchage.

Z

Zone poreuse : Anneaux très apparents formé dans le bois de printemps par de gros vaisseaux. Ce grain grossier tranche sur le grain serré du bois d'été et souligne nettement la limite entre les cernes annuels. Sur une coupe tangentielle, les vaisseaux confèrent au bois un aspect flammé des plus séduisants. Les essences à zone poreuse réagissent mal aux finitions.

INDEX

A

Abattage 15, 19, 20-1
- entaille de direction 21

Acajou 16, 31, 79, 107, 109
- africain 16
- d'Amérique 16, 79
- d'Australie 56
- de Cuba 16
- des Philippines 16
- du Honduras 16

Alaises 116
- d'angle 116

Amarante 74
Ame 106, 108-10, 112, 115-17
Angiospermes 10, 11, 55
Apprêt des surfaces 26, 29, 38
Aptitude au cintrage 34
Assamela 15, 74
Assemblages 116-17
Attaques fongiques 26, 36, 38, 67, 82
Aubier 12, 13, 26, 38, 84, 86
Aune d'Oregon 58
Avivés 23, 25, 28, 43

B

Bain-marie 95, 100
Balsa 55, 73
Billot *voir* Bois de souche
Black bean 62
Bois
- anhydre 27
- caractéristiques 30, 31, 88
- commerciaux 15, 19, 22, 41, 43
- d'été 12, 13, 30, 31, 43
- d'œuvre10, 19, 43, 108, 109, 112
- de bout 23, 115, 116
- de compression 22
- de dentelle 75, 92
- de lièvre 93
- de printemps 12, 13, 30, 31, 43
- de réaction 22, 29
- de souche 88, 89
- de tension 22
- étuvé 27
- madré 89
- mi-sec 26
- propriétés 26, 28
- qualités 28
- reconstitué 109
- ressuyé 26
- ronce 31, 87-9, 102
- sec 26
- sec à l'air 26
- séchés 24, 26, 29, 32, 38
- structure cellulaire 13
- vert 26, 32

Bois de Gaïac 15, 70
Bois de violette 63
Bois du Brésil 71
Bouleau 38, 108, 109
- à papier 59
- jaune 59

Branches 10, 11, 20, 21, 22, 30, 41, 85
Broussin 30
Bubinga 70
Buis 55, 60

C

Cadre de sciage 24
Cales 97, 100, 102-3
Cambium 12, 92
Canaux sécréteurs 84
Canifs, scalpels et cutters 95, 98, 101, 104,115
Cèdre du Liban 46
Cellules du bois 10-13, 26, 30, 31,38, 92
- alvéoles 26
- bois de feuillus 31
- longitudinales 30
- structure 10, 30, 38, 92
- tissus 31

Cerisier noir 76
Cernes de croissance annuels 12, 13, 15, 22, 23, 29-31, 34, 86, 92
CFC 14
Champignons 38
- des caves, 38
- fistuline, 38, 67
- mérule pleureuse, 38
- mycélium 38
- parasites 38
- pourriture bleue 38
- saprophytes 38

Chants
- non écorcés 43
- rapportés 116
- thermocollants 116

Châtaignier 62
- d'Amérique 61

Chêne 13, 22, 30, 31, 38, 109
- blanc 13, 75
- rouge d'Amérique 77
- du Japon 77
- pédonculé 78
- rouge 13
- rouge d'Amérique 78
- soyeux d'Australie 60

Chlorophyle 10
Choix des bois 18, 28, 29
Cintrage 32-5
- à la vapeur 32-5
- du bois massif 35
- du contre-plaqué 111
- du lamellé34
- entaillage 34, 111
- étuve 33
- préparation 33
- propriétés 33
- rayons de courbure 32, 34, 35

Ciseaux à bois 95, 104
Citron de Ceylan 63
Classement d'aspect et de structure 28, 30, 107
Classification botanique 31, 39, 43, 55
Climats 19, 31, 41, 51
Cocobolo 64
Colle
- à base de formol 107
- à base de résine 102, 112
- à base de résine synthétique 114
- à froid 1102
- à la résorcine 107
- à papier peint 96, 98
- animale 95, 96, 98, 100, 101, 102, 104
- en film, 101
- PVA 35
- urée-formol 35, 107

Conifères 10, 19, 43
Constituants secondaires 13
Contraintes mécaniques 26, 30, 32, 34, 107, 110
Contre-plaqué *voir* Panneaux de contre-plaqué
Couleurs de bois 13, 16, 27, 28, 30, 43
Coupes 22-3
- dans le fil 30
- en travers fil 24, 30
- radiale 22, 24, 30, 87, 92r
- tangentielle 22, 23 30, 86, 87, 90
- tangentielle sur quartier 22, 23

Croissance 29, 30
- défauts 29
- irrégulière 91

Cyprès du Nutka 43, 46

D

Débitage 21, 22-3, 24-5, 28, 30, 34
- artisanal 24-5
- des planches 25
- et aspect 30-1

Débits
- dimensions 28, 43, 88
- sur dosse 22, 23, 30, 87, 96
- sur faux quartier 22, 23
- sur maille 22, 23
- sur plots 23, 26
- sur quartier13, 22-3, 24, 30, 34

Découpe de l'arbre 85, 88, 90, 91, 92
Défauts du bois 28-9, 32
Déformation 23, 26, 29
Demi-bille 87
Densité 26, 31
Déroulage 84, 86, 89, 91, 106, 109
- excentrique 86
- sur âme 21, 87

Dérouleuse 84, 85, 86, 89
Dessin 16, 22-3, 30, 34, 43, 84-8, 90, 91, 98, 99
Déteriorations du bois 27, 38
- fongiques 13

Développement fongique 29
Durabilité 31, 38, 107
Duramen 12, 13, 84, 87

E

Ebène 65
Ebénisterie 15, 16, 23, 26, 87, 89, 90, 92, 107, 108, 109, 110
Eclaircies 19
Ecorce 12, 19, 26, 29, 43, 84, 85,
- incarnée 29, 84

Ecosystèmes 18, 19
Effet de serre 14
Emporte-pièce 95
Encollage 96, 100, 116
Environnement 14, 16, 18
Epicéa 28
- commun 48
- de Sitka 48

Equilibre hygrométrique 26
Erable
- faux-platane 75
- madré 86, 91
- moucheté d'Amérique 55, 57
- rouge 57
- sycomore56

Espèces
- à croissance rapide 19, 30
- en voie de disparition 55

Essences menacées 15, 55, 58, 63, 64, 65, 66, 69, 70, 71,74, 76, 79, 80, 81
Etuvage 27, 32, 34
Excroissances maladives 88-9
Exploitation forestière 18-19

F

Face
- fermée ou « serrée » 84, 101
- ouvertes ou « déliée » 84, 101

Fentes
- de déroulage 84, 86, 88
- en bout 29, 32, 88
- longitudinales 106
- sur plis de contre-plaqué 107

Fer à repasser 95, 100, 101, 104
Feuillard 32, 34
Feuilles 10, 43

caduques 10, 41, 55
larges 10, 19, 41, 55
persistantes 10, 41, 55
Feuillus 55-72
des zones tempérées 15
des zones tropicales 14-16, 56
essences 10, 13, 15, 16, 19, 22, 26, 28, 31, 38, 41, 55-82, 86, 87, 91, 106, 108, 112
Fibres 10, 19, 29, 30, 31, 32, 97, 106, 114, 115
compression et étirement 32, 33
ondées 30, 85, 89
Figure *voir* dessin
Fil 10, 28, 30, 34, 84, 89-93, 95-9, 100, 101, 106, 109, 111, 112, 116
alterné 30, 31, 92
court 97
de parement 106
déformé 91
droit 30, 32, 34
elliptique, 87
entremêlé 30, 92
flambé, 87
irrégulier 29, 30, 31, 32, 86, 91
madré 30, 90, 92
ondé 30, 31, 90 92
ondulé 30
sens 10
tors 30, 89, 91
tourmenté 29, 30
veiné 90
Filets et frises 94, 104
filets composés 94, 104
filets simples, 94
frises dans le fil 116
frises en travers fil 94, 104
Finition des chants 113
affleurage des pièces à contre-fil 101
alaises 113
Finitions 10, 32, 113
Fissures 22, 29, 32, 34, 38, 84, 106, 107, 114, 115
de déroulage 29
de retrait 29
superficielles 29, 32
Fongicides 19, 38
Forêts 14-20
Fourche 30, 88, 91
Frêne 30,31,109
blanc 68
commun 69

G

Gauchissement 29
Gaz carbonique 10, 11, 14
Gélivures 29
Gerces 29, 32
Gestion durable des forêts 55
Gommes 19
Gonflement 26, 106, 112, 114
Grain 10, 28, 30, 31, 39
fin 30, 101
grossier 30, 31, 88
irrégulier 29
Gymnospermes 10, 11, 43

H

Hêtre 27, 31, 108, 109
américain 67
commun 68
Humidité 10, 13, 26-7, 38, 96, 107
Hygromètres 27

I-J-K

If 52
Incrustations 94
Industrie papetière 19, 22, 43
Insectes 13, 29, 38, 61, 91
Isolation 32, 33
Isorel 35, 95, 114
confection de cales 103
ciré 35
deux faces 114
dur 114
une face lisse 114
Jarrah 67
Jelutong 65
Kauri du Queensland 44
Khaya 16

L

Lambris 84, 90, 92, 95, 96, 107-9, 114
Lamellé de parement 34
Laticifères 65, 67
Lauan rouge 16, 79
Liber 10, 12
Lignine 10
Loupe 30, 31, 37, 85, 88-9, 101-2

M

Maille 12, 22
débit sur maille 22, 23
placages maillés 85, 87
tranchage sur maille 87,92
Maillure 87, 92
Maladies 18, 30, 82
fongiques 38, 61
nielle du châtaignier 61
parasitage de l'orme 82
Marteau à filet 104
Marteaux à plaquer 95, 100, 101, 104
Mélèze 43, 47
Menuiserie 26, 28, 43
Moelle 12
Motifs
bois de dentelle 75, 92
boursouflé 91
changeant 86
elliptique 30
rayonné 22, 87, 92,
rayonné 92
rubané 92
Moule
composé35
courbure 35
de cintrage 32-5, 103
et contre-moule 35, 103
mâle et femelle 35
simple 35

N-O

Nœuds 28, 29, 32, 34, 84, 96, 107
Noyer
cendré 61, 72
commun 72
du Queensland, 662
gris 71
Obeche 81
Orme
blanc américain 82
champêtre 82

P

Padouk 76
Palissandre des Indes 64
Panneaux à âme solide 96, 117
Panneaux contre-plaqués 26, 33, 106-15, 117
applications 108
classement d'aspect 107
collage 107
composites 109
d'aviation 106
de charpente 107
dimensions 106
essences 108
extérieur 33, 107
fabrication 106
imperméable 26
intérieur 107
marin 107
multiplis 109
pour côtés de tiroirs 109
Panneaux de fibres 43, 114
dures *voir aussi* Isorel 114
faible densité 114
gaufré 114
haute densité 114
moyenne densité (MDF) 114, 117
perforé 114
tendres 114
Panneaux de particules 35, 88, 98, 112, 113, 115-17
à densité variéé113
aggloméré 112, 113
hydrofugé (CTBH) 112
intérieur (CTBS) 112
de flocons 113
intérieur 112
monocouche 112
multicouches 112
triply 113
Panneaux dérivés du bois 19, 22, 35, 84, 86, 95, 96, 102, 105-17
Panneaux lamellés 34-5, 110, 115, 117
lamellé-collé laqué 114
imperméabilisé 114
Panneaux lattés 110, 115, 117
Papier gommé 95, 98, 99, 102
Parasites *voir* Champignons
Parquets 23, 112
Patine 38, 119
Pesticides 38
Peuplement forestier pur 15, 19
Photosynthèse 10, 11
Pièces tournées 15, 24, 30, 38, 89
Pigments 10
Pin 108, 113
à bois lourd 50
argenté américain 49
d'Australie 43, 45
de Lambert 49
d'Orégon 51, 108
du Parana 43, 45
sylvestre 51
Weymouth 50
Placages 15, 22, 30, 55, 83-103, 106, 110-17
à arêtes 92
à la cale 102-3
à motif piqué 91
apparent 107, 109, 111
au sable 103
classement d'aspect 85, 108
cloches 95, 100, 101
colorés 93
côté cœur 96
couleurs 84, 85, 93, 98
de construction 34, 86, 88, 97, 106
de contre-parement *(placage à la cale)* 85, 96, 102, 109
de parement 85
de synthèse 93
défauts 84, 85, 95, 96
dos de violon 56, 90
elliptique 30, 86-8, 91, 100, 101, 102

fantaisie 91
feuilles 85, 88, 90, 98, 99
madré 34
mixte 86-8, 90
motifs 93
outils 95
posés à fil croisé 97, 109
raccords 98-9
rayé 90
réparations 89, 95, 96, 100
replanissage 98
ronce 87-9
semi-déroulé 87, 89
veiné 92, 98, 99
Planche à dresser 95
Planches
empilage 26
équarries 27
et madriers 22, 23, 24, 25, 43
pré-débitées 28
sciées sur quartier 96, 109
Platane d'Occident 75
Plateau de déroulage 87
Plis de contre-plaqué 85 86, 88, 97,106-10, 115
de contre-parement 107, 109
de parement 106-9
mélaminés 112, 113
raccords 98-9
transversaux 106, 109
Pluies acides 14
Point de saturation des fibres 26
Pointes à placage 95
Ponceuses 31
Porosité 13, 31
pseudo-zone poreuse, 31
zone-à vaisseaux diffus 31
zone poreuse 31
Pourrissement du bois 21, 38
Presses 33, 35, 98, 102, 103, 111, 116
de serrage 35, 102-4

Q-R

Quartier 23, 30, 85, 87,
Rabotage 28, 30
Rabots à dents 95, 96
Raccords de feuilles de placage 85, 88, 95, 98, 100
déployé 84, 99, 101
en frise 99
en pointe de diamant 99
simple 98, 101
Racines 10, 11, 30
palettes 48, 52, 66, 76, 79, 80, 81
Ramin 69
Rayons ligneux 12, 13, 22, 23, 29, 87, 92
Réglements de la CITES 14, 15, 56
Réglets 95, 98, 104
Résine 10, 18, 114, 115
Résineux 43-54
essences10, 13, 14, 22, 26, 28, 31, 38, 41-53, 86, 102, 106, 108, 110, 112
Résistance mécanique 26, 28, 30, 32, 34, 106, 107, 109,110,112,113, 114, 117
Retrait 23, 26, 29, 38, 95, 96,106
Rimu 47
Ronce 30, 87-9
Roulures, 29
Ruban adhésif 88, 95
Rugination 95, 96, 97

S

Sapin 28
argenté 44
Sciages 15, 22, 24, 25, 28,
bruts de sciage, 22,
sur dosse 96
sur quartier 96
Scieries forestières 25
scies 25, 95, 98, 111
à découper 95
à dos 96
à guichet 115
à main 20, 86
à panneau 115
à ruban 22, 24, 34, 35, 85, 86, 97
circulaires 22, 86, 115
électro-portatives 111, 115
lames 21, 24, 34, 115
radiales 111
Séchage 26-7
à l'air 26-7, 32, 34, 38
bois à séchage rapide 26
défauts dus au séchage 29
des feuilles de placages 84
empilage des planches 26
étuvage 27
forme de séchage 33
Séchoirs 26-7
Semis 19, 43
Séquoia 52
Sève 10, 12, 13, 20, 26
Sipo 16, 66
Souche 22, 85, 88-9
Spermaphytes 10
Stabilité 23, 84, 114
Stomates 10
Structure "coupe de pierres" 97
Structure du bois 10, 29, 33
Structure « tonnellerie » 97
Substances nutritives 10-13, 38
Supports 84, 95, 96-8, 100-3, 112, 114
Surface d'ancrage 95, 96, 97
Sylviculture 18, 41

T-U-V

Tables de sciage 34, 86, 115
Taches 29, 84, 91
Tarabiscot 95
Taux d'hygrométrie 112, 114
Teck 80
Teintes à bois 13, 16, 93,
Températures 26, 41
Tenue en service 28, 31, 107, 108
Texture 10, 30, 31, 101, 114
Thuya géant 53
Tilleul américain 80, 108
Tilleul d'Europe 81
Trachéides 10, 13
Tranchage
à plat 86, 87, 89, 90, 92, 93, 109
sur demi-dosse 86, 87, 88, 90,
sur maille 87, 92
sur quartier 87
Trancheuse 84, 87
Tronçonneuses 20, 22, 24-5, 43
Tsuga de Californie 53
Tuilage 23, 29, 96, 106
Tulipier de Virginiee 73
Urunday 58
Veinage *voir* Motif
Vêtements de protection 20
Voilement 29